아이가 힘내주길 기도하는
모든 부모들에게 바치는 책

엄마가 기다려줄게. 제목부터 울컥했다. 한 장 한 장 책장을 넘길 때마다 흐르는 눈물이 버거웠다. 살면서 내 아이가 이렇게 힘든 시기를 겪게 될 줄은 생각해본 적이 없었다. 여러 시행착오를 겪으며 과연 아이를 위한 일이 어떤 건지 흔들리는 나날들이 많았다. 그때 만난 『엄마가 기다려줄게』는 나에게 한줄기 빛이었다. 이제 나는 연둣빛 싹을 틔우고 초록잎으로 가득 채워 아이를 기다리고 있을 것이다. 힘든 이 시련의 시간을 충분히 잘 지내고 다시 밖으로 나올 아이를 생각하면, 벌써 황홀하다. 나의 기다림이 헛된 시간이 아니라는 걸 확신하게 되었다.

_ 강다은 (13세 아이 엄마)

이 책은 자녀교육서이자, 엄마로서 자기 자신을 찾아가는 자기치유서라고 감히 말씀드린다. 나도 또한 등교 거부 자녀를 둔, 동시대를 살아가는 지극히 평범한 엄마이기에 깊이 공감했다. 책을 읽어 내려가며 작가의 상황과 마음이 어찌도 이리 나와 똑같을 수 있는지 놀랍기까지 했다. 지난 3년, 자녀의 일로 삶이 송두리째 휘몰아치던 시간들이었다. 저자는 8년 동안 매일같이 수많은 진통이 있었을 텐데, 대체 어떻게 버텨왔을까? 수없이 묻고 답하고 또다시 일어선 용기 있는 삶에 박수를 보내며, 함께 손잡아주고 싶다. 그리고 세상에 하나뿐인 빛나는 보석 같은 아이에게 전하고 싶다. "끝까지 사랑으로 기다려줄게."

_ 김승숙 (15세 아이 엄마)

이 책은 '아이를 이대로 두어도 되는가'라는 질문에 '내려놓고, 기다린다'는 답변을 건넨다. 읽는 동안 눈물도 흘리고 가슴이 아렸다. 저자는 평범한 엄마에서 8년이라는 시간이 흘러 철학자가 된 듯하다. 아이를 통해서 '나'를 알아가고, 아이를 위해 흔들림 없는 '나'가 되어가는 과정이 큰 울림을 주었다. 나를 돌아보고 질문하고 생각해보게 만드는 책이다. 기다림에서 부모가 할 수 있는 게 무엇인지, 저자는 자신의 경험을 바탕으로 새로운 태도와 관점을 제시해준다.

_ 오은주 (15세, 14세 아이 엄마)

엄마가
기다려줄게

엄마가
기다려줄게

아이의 닫힌 방문 앞에서 8년,
엄마가 느끼고 깨달은 것들

박성은 지음

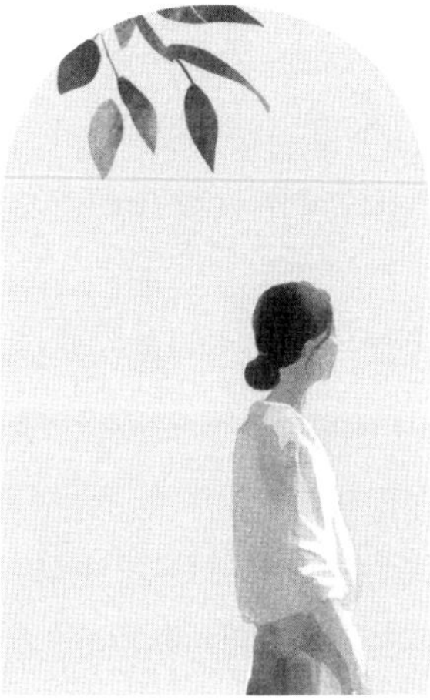

북하우스

프롤로그

10년 전, 까닭을 알 수 없는 두통이 아이를 찾아왔다. 등교를 준비하던 아이는 고통에 머리를 감싼 채 울부짖기 시작했고, 결국 그날의 등교는 이루어지지 않았다. 나는 그저 컨디션이 좋지 않아 생긴 두통이려니 하며 하루 쉬고 나면 별일 없을 거라고 대수롭지 않게 여겼다. 그러나 2014년 5월 15일 그날 이후, 아이의 시간은 한참을 멈추어 섰다. 열 살, 한창 친구들과 재미있게 뛰어놀 시기에 불안장애, 무기력증, 신체화 증상을 오가며 아이는 아주 오랜 기간을 등교도 그 무엇도 하지 않은 채 동굴 같은 방 안에 스스로를 가두었다.

그때부터 긴긴 기다림의 시간이 시작되었다. 먹지도 않고 씻지도 않고 잠만 자는 아이, 스마트폰만 하는 아이, 며칠이고 밖으로 나오지 않는 아이의 숨소리를 확인하기 위해 가만가만히 숨죽여가며 방문에 귀를 대어보던 그때의 기억이 지금도 생생하다.

순하고 총명했던 아이였기에 육아쯤이야 내 뜻대로 된다고 여겼던 거만함에 대한 하늘의 응징이었을까? 어느 날 들이닥친 날벼락 같은 상황은 아이의 시간뿐 아니라 나의 시간도 멈추어 서게 했다. 끝없이 가라앉는 아이의 모습에 처음에는 분노가 치밀었고, 언뜻언뜻 돌아오는 일상에 잠시 기대를 품었다가도, 다시 숨어들어가는 아이의 모습에 그야말로 기대와 절망의 시소놀이를 반복했다. 스스로의 빛을 꺼버리고 굴을 파고 들어가는 아이의 모습을 그저 지켜볼 수밖에 없는 그 무력감이란. 모든 게 절망이었고 희망 따위는 조금도 없는 나날이 이어졌다. 아이와 갈등의 골이 깊어지자 내게도 마음의 병이 찾아왔다. 엄마로서 모든 자신감을 잃고 자포자기의 심정으로 하루하루를 꾸역꾸역 버티고 있던 어느 날, 신의 선물과도 같은 아이의 한마디가 나를 다시 일으켜 세웠다.

"엄마, 기다려주세요."

그 말은 아이를 따라 지하 동굴로 들어가던 나의 발길을 다시 지상으로 이끌어준 이정표였다. 그렇게 나의 또 다른 기다림이 시작되었다. 그때까지의 기다림은 온전한 기다림이 아니라는 걸 확신하면서. 순탄하지는 않았다. 생각보다 아이는 멀고도 험한 동굴 속에 자신을 가두고 있었다. 그렇게 8년을 지나왔다.

기다림에도 단계가 있다.

1단계,
학교 안 가는 아이를 이해하기 힘들다.
아이가 꾀병을 부리는 거라는 의심이 든다.
왜 내게 이런 일이 일어나는 것일까? 내가 뭐 어쨌다고.
깊은 원망으로 마음이 가득 찬다.
다 부모 탓이라는 의사와 상담가의 말에 분노가 치민다.

2단계,
아이를 이해하기로 결심한다.
인내에 인내를 거듭해나간다.
영영 끝나지 않을 것 같은 불안감에 마음은 지옥이 된다.
불쑥 참지 못하고 아이에게 분노를 터뜨린다.
그리고 뒤돌아서 후회.

3단계,

내려놓자, 내려놓자.

기다리자, 기다리자.

아이 앞에서 충분히 내려놓았다고 가면을 쓴다.

체념과 포기로 착잡한 마음에 우울감이 짙어진다.

4단계,

학교 가는 것만으로도 얼마나 감사한 일인지 깨닫게 된다.

동굴에서 나오기만 했으면….

밥만 제때 먹었으면….

그리고

.

.

.

내 마음을 들여다보기 시작한다.

마지막,

진짜 내려놓기 단계,

조건 없는 사랑으로 채워지는 응원과 지지의 단계.

모든 것을 걷어내고 내 아이라는 존재 자체만을 바라보게 된다.

기다림의 시간 속에서 가장 중요한 건 '진심으로 내려놓기'였다.

내가 생각하는 내려놓기란 양보가 아니다.

포기나 체념도 아니다.

있는 그대로 바라봐주기.

아이의 선택에 가장 먼저 응원 보내주기.

한결같기.

아이의 등 뒤에 서 있어주기.

아이보다 딱 한 계단 더 내려가 있기.

늘 그 자리에 있어주기.

멈춰버린 아이의 시간을 있는 그대로 받아들였고, 모든 걸 내려놓고 기다렸다. 아이는 스스로를 놓아버렸을지 몰라도, 나는 거듭되는 절망과 실패의 순간들 속에서도 아이를 잡은 손에 끝까지 힘을 풀지 않았다.

그렇게 아이와 나는 8년의 시간을 지나 지금 여기, 오늘에 도착했다. 아이의 동굴 생활은 이제 끝이 났지만 여전히 불안한 미래가 기다리고 있다. 그러나 괜찮다. 조금씩 세상에 섞여 들어가고자 두려움을 극복하고 용기의 언덕을 오르는 아이의 마음은 이제 더 이상 나약하지 않다. 아이는 자신만의 속도로 세상을 배워나가고 있다. 입시에 매몰된 삶이었다면 결코 하지 못했을 고민들을 겪으면서 아이는 한층 성숙해졌으며, 닫혔던 마음이 열리자 긴긴 동굴 생활은 오히려 아이의 삶을 지탱해주는 귀한 경험이 되었다.

위기의 순간이 찾아오지 않으면 모르는 것들이 있다. '사랑'도 그중의 하나다. 나도 모르는 사이 많은 조건들이 내 아이를 존재 자체로 온전히 사랑하는 것을 방해하고 있었다.

최근 무너져버린 관계 속에서 갈등을 빚고 있는 부모와 자녀들이 많다. 갈등은 걷잡을 수 없이 깊어만 가는데 그것을 알아차리지 못한다. 혹은 알아도 무시하고 공부에만 집중하라고 아이를 다그친다. 아픈 마음을 인정받지 못하고 외면당하면 그 마음에는 병이 찾아온다. 세상을 살아보겠다는 의지를 소진당하고 스스로의 빛을 믿지 않게 된 아이들은 급기야 무기력에 빠지고 동굴로 들어가게 된다. 아이가 모든 것을 멈추고 마음의 문까지 잠그고 나서야 부모가 눈치를 챈다면 이미 때는 늦다.

동굴로 들어간 아이 옆에서 8년을 기다렸다. 그 시간 동안 내가 스스로에게 가장 많이 한 질문은 '언제 끝날까?' 그리고 '과연 끝나기는 할까?'였다. 답은 '분명히 끝은 온다'이다. 그 정답에 다다르기 위해서 필요한 도구는 바로 '사랑', '멈추지 않는 기다림의 물 주기', '진심으로 내려놓기'이다. 그리고 가장 중요한 것은 주저앉은 아이가 짚고 일어설 수 있는 단단한 '나', 부모의 마음이다. 어쩌면 이 책은 내 아이를 온전히 사랑하려고 노력한 한 엄마의 성장 기록이라고 할 수 있다. 아이를 일으켜 세우기 위해서는 우선 나, 부모의 성장이 가장 중요하다.

충분히 기다렸다 여기는데도 변화가 없는 아이 모습에 답답한 나날을 보내고 있는가? 눈물과 한숨으로 아이의 닫힌 방문 앞을 지키고 있는가? 무너져버린 자녀와의 관계 때문에 혼자 끙끙 가슴앓이를 하며 답을 찾아 헤매고 있는가? 지난날을 후회하며 아이에게 진심 어린 사과를 전하고 싶은가?

그 누구도 아닌 바로 '부모' 당신이 아이의 정답이다. 용기를 잃고 두려움에 주저앉은 내 아이를 일으켜 세울 수 있는 건 바로 당신의 손이다. 너무나 외로운 길, 끝을 알 수 없는 암담한 길 위에 우두커니 서서 차마 희망을 떠올리지 못하고 있을 그 누군가를 생각하며 이 책을 썼다. '끝은 있다'라는 믿음을 그 힘든 가슴에 아로새겨 넣어주고 싶어서 캄캄한 새벽에 일어나 불을 밝혔다.

우리는 누구나 행복할 권리가 있다. 이 책이 캄캄한 망망대해에서 행복의 섬을 찾아 헤매는 당신에게 길을 알려주는 등대가 되기를 희망한다.

4장 아이의 방문 밖에서 깨달은 것들

1장

아이의 등교 거부가 시작됐다

엄마, 기다려주세요

다시 시작된 등교 거부 앞에 나는 무너지고 말았다. 아이를 돌아 세울 힘도, 설득할 힘도, 아이를 위해서 무엇이든 해보려는 조금의 의지조차 내 마음에는 남아 있지 않았다. '지친다'라는 한 단어만이 머릿속을 맴돌았다. 계속 숨어들어가는 아이를 속수무책으로 바라볼 뿐, 다시 무엇을 시도하기에 나는 완전히 지쳐버리고 말았다.

방전된 몸과 마음은 어쩌다 터지는 아이의 분노를 받아내는 것에 쓰일 뿐 그 외에는 아무것도 할 수가 없었다. 마음이 한번 들썩하면 두려움과 불안으로 걷잡을 수 없이 흔들려서 한 치의 생각조차 허용하지 않으려고 생각의 마개를 단단히 걸어 잠갔다. 출구는 없는 것이었고, 애당초 출구를 찾으려는 노력은 소용없는 몸부림일 뿐이었다. 이제 내가 할 수 있는 건 사방이 하얀 벽으로 둘러싸인 방에 갇혀 간신히 숨만 몰아쉬는 것뿐, 내 의지로 바꿀 수 있는 건 아무것도 없었다.

그날도 우리는 서로의 분노 버튼을 피해 둘 사이에 마음의 벽을 두고 있었다. 대화는 이미 사라진 지 오래였다. 일상생활에 꼭 필요한 최소한의 메시지만 오갈 뿐이었다. 거부하는 아이, 그리고 더 이상 애쓰지 않는 엄마가 있었다.

무엇이 발단이었는지는 잘 기억나지 않는다. 분명한 건 그날 나는 돌이킬 수 없이 고장 나 있었다는 것이다.

아이의 억지 앞에서 나는 터지고 말았다. 멈춤 버튼은 나사가 빠져 도망가고 몸통이 산산이 부서져버렸다. 말도 안 되는 일로 떼를 쓰는 아이를 가만히 지켜보던 나는 순간 화를 참지 못하고 아이가 작업하고 있던 테이블을 뒤집어 엎었다. 그리고 터지기 시작한 아이의 분노. 아이의 비명이 시작된 순간 모든 것이 진공 상태로 빨려 들어갔다. 눈앞이 아득해지고 머리가 차갑게 얼어붙는 고통에 아이를 통제할 어떤 힘도 낼 수가 없었다. 점점 거세지는 비명과 울음소리. 나는 손으로 귀를 막아버렸다.

경찰들이 도착한 건 그로부터 얼마 지나지 않아서이다. 갑작스러운 경찰의 방문에 아이도 당황했는지 울음과 비명을 순식간에 뚝 멈추었다. 집으로 들어선 경찰들은 집 안 이곳저곳을 둘러보기 시작했다. 그러고 나서 아이와 나에게 몇 가지 질문을 던졌다. 매일같이 울어대는 아이의 소리에 이웃 주민이 아동학대로 신고를 한 모양이었다. 별다른 이상을 발견하지 않은 경찰은 내 신상을 간단히 메모하고는 얼마 되지 않아 돌아갔다.

당황스러운 상황에 생각의 갈피를 잡을 수 없었다. 경찰이 돌아간 이후 도대체 어떤 행동을 취해야 할지 몰라 나는 잠시 멍한 상태로 그대로 있었다. 갑자기 벌어진 상황이 창피하기도 하고 어이가 없기도 했다. 급기야 아동학대범으로까지 오해를 받다니. 하지만 그럴 만도 했다. 제3자 입장에서 듣는다면 아이의 울음소리가 예사소리는 아니었을 것이다.

당황한 건 아이도 마찬가지였다. 경찰이 돌아가고도 아이는 한참을 움직이지 않고 똑같은 자세로 나만을 바라보고 있었다. 아이의 울음을 일순간 멈추게 해준 경찰들의 등장이 왠지 고맙다는 어이없는 생각이 들었다. 무서운 맹수였던 아이가 모처럼 얌전한 모습으로 내 앞에 있는 걸 보니 갑자기 측은한 생각이 들었다. '얼마나 놀랐을까? 이게 상처가 되면 안

될 텐데.'

따뜻한 말 한마디를 건네고 싶었지만 쉽사리 입이 떨어지지 않았다. 우리 사이에 살가운 말이 오갔던 게 언제였던가. 아이의 어깨가 살짝 떨리는 게 보였다. 따뜻하게 안아주고 싶었지만 차마 아이의 몸에 손을 댈 용기가 나지 않았다. 고요한 시간이 조금 더 흘렀다. 여전히 미동도 없는 아이를 향해 나는 나직이 이름을 불렀다.

"많이 놀랐지?"

"…."

아이는 말이 없었다. 무슨 생각을 하는지 읽을 수 없는 표정을 하고는 계속 그렇게 자리를 지키고 있을 뿐이었다. 다시 폭발하려는 건 아닌지 불안이 올라왔다. 심장의 박동이 조금씩 거세지고 있었다.

"엄마."

주변 정리를 위해 움직이려던 나는 순간 동작을 멈추었다. 오랜만에 듣는 말 '엄마'. 조금은 다른 기류, 무엇일까. 얌전히 나를 부르는 아이의 모습은 예전의 순했던 내 아이, 그대로였다. 경찰들이 돌아간 이후로도 내내 자기 방 앞에 우두커니 서 있던 아이는 나를 부르고도 잠시 그대로인 채 움직임이 없었다.

"피곤하지? 들어가서 쉬어."

나의 입에서 나오는 말이 부자연스럽게 느껴졌다. 살짝 아이의 고개가 들리는 게 보였다. 나는 하려던 정리를 마저 하기 위해 다시 몸을 움직이기 시작했다.

"엄마."

무언가 할 말이 있는 것인가. 나는 하려던 동작을 멈추고 말없이 아이의 얼굴을 바라보며 다음 말이 이어지기를 기다렸다. 나를 보는 것도 아니고 바닥인지 어딘지 여전히 다른 곳에 시선을 둔 채, 아이는 천천히 입을 열었다.

"엄마, 기다려주세요."

와르르, 마음속 켜켜이 쌓여 있던 무엇인가가 무너져 내리고 있었다. 팽팽히 당기고 있던 줄이 가위에 싹둑 잘린 듯 힘을 잃고 바닥에 흩어져 날렸다. 분노로 꽉 막혀 있던 가슴에 큰 구멍이 뚫리고 거센 바람이 들이쳤다. 마음이 먹먹해져왔다. 내가 지금까지 아이에게 무슨 짓을 한 것인가.

잊고 있었다.

내 아이는 아픈 것이다.

어둠과 절망으로 가득 찼던 마음이 아이의 한마디 말에 와르르 무너져 내렸다. 허물어진 벽 너머 여전히 밝은 세상, 언제나 그 자리에서 빛나고 있던 세상이 무너진 벽 너머로 확 하고 들이닥쳤다. 망가져버렸다고 여겼던 세상은 사실 내가 쌓아 올린 벽에 가려 보이지 않았던 것일 뿐, 여전히 벽 너머 거기 그대로 존재하고 있었다. 분노와 절망의 감정으로 꽉 막혀 있던 마음에 배수로가 생기고 그동안 잊고 있던 감정이 흘러들기 시작했다.

'엄마, 나 아파요. 엄마, 오해하지 말아줘요.'

아이의 마음 소리가 들리는 듯했다.

점점 망가져가는 엄마에게 아이는 알려주고 있었다.

"엄마, 기다려주세요."

그건 구원의 메시지였다.

나무 젓가락과 비닐 장갑

아이는 태어남과 동시에 부모의 온 우주가 된다. 꼬물거리는 아기에서 하나의 인격체로 성장해가는 과정을 지켜본다는 것, 세상에 이토록 경이로운 경험이 또 있을까? 하나의 우주가 커가는 모습을 지켜본다는 것은 무엇과도 비교할 수 없는 무한한 행복을 느끼게 해준다. 의미를 두지 않고 살아가던 삶에 툭 하고 '의미'를 던져준다.

새벽 5시. 아기는 밤사이 빵빵해진 기저귀를 차고 엉덩이로 엄마의 얼굴을 깔아뭉갠다. 그래도 엄마가 꿈쩍하지 않자 조그만 손을 쫙 펴서는 자고 있는 엄마의 얼굴을 찰싹찰싹

때리기 시작한다. 작아도 있는 힘껏 내리치는 손맛이 여간 맵지 않다. 그렇게 이른 새벽마다 무지막지하게 엄마를 깨우던 나의 아기, 나의 첫째.

혼자 깨어나 책꽂이 가득 꽂혀 있던 책을 모조리 꺼내 그림도 보고, 쌓기도 하고, 바닥에 쭉 깔아놓고 밟고 다니기도 하면서 아이는 하루를 시작했다. 겨우 잠에서 깨어난 엄마에게 자기 몸만 한 책을 들고 와서는 읽어달라 재촉하던 아이. 자연관찰 책 속의 동물들을 바라보던 까만 눈. 통통한 볼 사이로 삐죽 튀어나온 작은 입을 옹알거리며 따라 읽던 모습은 아득하지만 지금도 지워지지 않고 내 머릿속에 남아 있다.

개구쟁이는 아니었지만 적당히 까불거리고 두 살 아래 여동생과는 소꿉놀이도 해주던 아이는 순하고 잘 웃는 아이였다. 가끔은 당돌한 말로 사람들을 당황시키는 엉뚱함도 있었지만 호기심이 많았으며 제법 영특한 구석이 많아 엄마 눈에는 세상에서 가장 잘생긴 아이였다.

아이들은 저마다 빛나는 보석을 지니고 이 세상에 태어난다. 아무것도 하지 않아도 어떠한 조건도 필요 없이 반짝반짝 그저 존재 자체로 빛을 뿜어낸다. 아이는 탐험가가 되어 세상을 탐색하기 시작한다. 투명했던 아이는 자신이 흡수한 세상의 빛을 통해 조금씩 자기만의 색을 찾아간다. 부모는 아이의 보폭에 발을 맞추며 탐험을 돕는 조력자가 된다. 멀지 않은 시간을 지나왔음에도 마치 꿈결같이 아득히 느껴지는 그때의 그 시간들. 그때 내 아이는 나의 온 세상을 꽉 채우는 빛이었다.

아이가 어릴 적, 주말마다 작은 고래 박물관을 찾았다. 공중에 전시된 거대한 흰수염고래 화석 뼈에서부터 삼엽충, 암모나이트 같은 원시생물 화석과 공룡 화석까지, 20분이면 넉넉히 돌고도 남을 그곳을 아이는 몇 바퀴를 보고 또 볼 정도로 무척이나 좋아했다. 뭐가 그리 재밌을까. 뭐가 그리 신기할까. 한번 가면 언제나 아이를 설득해 발길을 돌려 나오는 게 일이었다.

자연과 동물을 만나는 순간 아이의 눈은 반짝 빛이 났다. 길가의 나무와 풀 사이사이, 그곳에 꿈틀거리는 생명체를 쫓는 눈에는 언제나 호기심이 가득했다. 무언가를 발견하면 가던 걸음을 멈춰 한참을 관찰하느라 여념이 없었다. 뜨거운 태양이 내리쬐던 작은 등 위로 그늘이 서서히 드리울 때까지 아이는 쪼그려 앉은 자세 그대로 시간 가는 줄 모르고 언제까지고 땅속 생물들을 관찰했다.

손으로 땅을 파헤치고 이것저것 만져대는 아이에게 비닐 봉지와 나무 젓가락은 언제나 필수품이었다. 시소나 미끄럼틀보다도, 아이들과 어울려 하는 숨바꼭질보다도, 아이는 늘 혼자 구석에 쪼그려 앉아 손이고 옷이고 지저분해질 때까지 땅 파며 노는 것을 더 좋아했다. 그런 아이에게 잔소리를 늘어놓기는 했지만 봉지 안을 슬금슬금 기어다니는 벌레들을 보며 행복해하는 아이를 막을 방법은 없었다. 아이가 다섯 살쯤 되자 채집한 곤충들은 그림이 되어 아이의 스케치북에 차곡차곡 모이기 시작했다. 얼마 지나지 않아서는 그 그림 옆에 설명이 달렸다.

'꽂힌다'는 표현이 있다. 아이가 그랬다. 한번 꽂힌 것이 있으면 충분히 맛을 본 후에야 다음 단계로 넘어간다고나 할까. 아이는 한번 관심이 생긴 것에는 무섭게 파고들었다. 관찰을 하고, 그림을 그리고, 책을 찾아보고, 책에서 찾은 정보를 바탕으로 또 다른 정보를 찾고, 그러다 실제로 보고 싶은 것이 생기면 순하던 아이는 떼를 쓰며 기어이 보러 갔다. 그 덕분에 거의 안 가본 곳 없이 전국 각지의 박물관과 생태원을 다녔다.

호기심 많은 아이의 모습을 볼 때면 부모로서 참 흐뭇했다. 대충 흥미를 보였다가 금방 싫증을 내는 게 아니라 끝까지 알고 나서야 넘어가는 집요함까지 있으니 얼마나 큰 장점인가. 초등학교도 입학하지 않은 아이가 어른들이나 찾을 법한 도서관 서고를 누비고 무거운 책을 서슴없이 들추고 있으니 엄마로서 '아이의 탐구심을 잘 키운다면 참 멋진 사람이 되겠구나' 하는 기대감을 갖지 않을 수 없었다.

다만 아이는 참 느렸다. 느려도 너무 느렸다. 밥 먹는 것도, 옷 입는 것도, 씻는 것도. 그림도 워낙 세세하게 그리다 보니 늘 한참 걸려 완성을 하고는 했다. 매번 기다려주는 게 엄마 입장에서는 늘 괜찮지만은 않았다. 때로 화를 내기도 하고, 빨리하라고 재촉도 했다. 하지만 그런다고 아이의 행동이 빨라지지는 않았다. 그냥 인정하는 수밖에 없었다. 그보다는 아이의 왕성한 호기심과 탐구심을 지켜주자, 그것이 더 소중하다, 그리 생각하기로 마음을 먹었다.

더 자세히 알고 싶은 마음, 너무나도 순순한 그 마음은 현실의 시간을 멈추어 세운다. 더 오래 바라보게 하고, 더 오래 그 앞에 머물게 만든다. 아마 아이의 마음이 그런 것이 아니었을까? 툭하면 가던 길을 멈추어 서는 아이의 느린 시간이 나에게는 때로 답답함으로 다가왔지만, 엄마로서 자연을 좋아하고 더 알고 싶어 하는 아이의 순수한 열망이 훼손되지 않게 해주고 싶었다.

'지금 내 아이의 우주가 커가고 있다. 아이가 충분히 보고 느낄 수 있도록 나는 잘 기다려주면 된다. 내가 기다려주는 만큼 내 아이는 성장한다.'

가다 멈추고 가다 멈추곤 하던 그때, 아이의 걸음은 참 느렸지만 그 누구의 걸음보다도 큰 걸음으로 나아가고 있었다.

엄마, 머리가 아파요

훌쩍훌쩍 울던 아이가 비명을 지르기 시작한다. 머리를 이불 속에 파묻고 한 시간째 괴로워하는 아이를 보고 있자니 마음이 안 좋다. 머리에 정말 이상이 생긴 건 아닌지 걱정이 밀려온다. 담임 선생님께 아이가 결석을 해야 할 거 같다는 문자를 남긴다.

"오늘은 집에서 쉬는 게 낫겠다. 선생님께 결석한다고 문자 드렸어. 좀 괜찮아지면 엄마랑 병원에 가보자."

아이는 좀 자야겠다며 다시 이불 속으로 들어간다. 머리가 돌덩이처럼 무겁다며 제대로 움직이지도 못하던 아이가 이리저리 몸을 뒤척인다. 이제 좀 나아졌나?

신음하는 소리가 잦아들기 시작한다. 두 시간 정도 지나 아이가 깨기를 기다려 같이 늦은 아침을 먹고 동네 소아과를 찾았다. 진료를 보고 돌아오는 길, 5월의 맑은 공기는 깨끗하고도 신선했다. 포근한 햇살, 적당히 시원한 바람, 기분 좋은 새들의 지저귐. 모든 아이들이 학교에 가 있는 시간에 아이와 한산한 거리를 걷는 것이 낯설면서도 그리 나쁘지 않다는 생각이 들었다.

"이제 머리 안 아파? 얼마나 아팠으면…."

아이는 두통이 거의 가라앉았는지 책 한 권을 뽑아 소파에 엎드린다. 두 다리가 경쾌하게 공중에서 팔랑거린다…. 다행이다.

아이가 초등학교 3학년이던 그해 5월, 어느 날 극심한 두통이 아이에게 찾아왔다. 전조 증상도 없이 갑자기 시작된 통증은 머리가 무겁고 조이듯이 아파서 바닥에서 머리를 1센티미터도 들어올리기 힘들 정도로 아이를 힘들게 했다. 너무나 아파하는 것에 비해 병원에서는 별다른 이상이 없다고 했고 약간의 찜찜함이 남긴 했지만 얼마 지나지 않아 통증이 사라지고 잘 노는 아이를 보며 그날은 대수롭지 않게 여기고 넘어갔다.

집에 돌아오자마자 아이는 미술 과제를 하기 위해 준비물이 필요하다며 집 안 곳곳을 뒤지기 시작했다. 여기저기서 찾아낸 상자와 휴지 심지들로 거실 바닥이 금방 어질러졌다. 미래 도시를 만들겠다며 자신이 구상한 것을 야무지게 말하는 아이의 표정에는 비장함이 감돌았다. 작업은 바로 시작되었다. 아이는 상자에 꼼꼼히 풀을 바르고 색종이를 감싼 다음 일일이 창문을 그려 넣기 시작했다. 아이가 구상한 빌딩은 상당히 고층인 듯싶었다. 밑그림을 그리는 걸 보고 있으려니 딱 봐도 건물 한쪽 면을 채우는 데에도 꽤 오랜 시간이 걸릴 게 뻔해 보였다. 좀 여유롭게 그려도 된다고 말했지만 아이는 별 반응이 없었다. 가뜩이나 꼼꼼한 성격인데 저걸 언제 다 하려고 하는지. 하지만 대충한다는 게 이 아이에게는 가능한 일이 아닌 걸 알기에 더는 말을 할 수가 없었다.

4시쯤 시작된 작업은 9시가 넘어가도 마무리 될 기미가 보이지 않았다. 저녁도 제대로 먹지 않고 아이는 계속 만들기에 집중하고 있었다. 그렇게까지 열심히 안 해도 선생님이 나무라지 않으실 거라며 아이를 달래보았지만 소용이 없었다. 아이는 내 말을 듣는지 마는지 미동도 없이 상자들과 씨름을 이어갔다. 시간은 계속 흘러갔고 동생들이 잠자리에 들고도 훌쩍 시간이 지날 때까지 아이의 작품은 여전히 미완성 상태였다. 11시가 넘자 더는 지켜만 보고 있을 수가 없었다. 어떻게든 아이를 재워야겠다고 생각했다. 방문을 열자 나와 눈이 마주친 아이는 잠시 멈칫 하더니 왈칵 눈물을 쏟아내기 시작했다. 그날 밤, 아이가 꿈꾸었던 도시는 결국 완성되지 못했다. 그리고 다음 날, 아이의 두통이 다시 찾아왔다. 다음 날도 그다음 날도 아이의 하루는 극심한 두통과 함께 시작되었다.

동네 소아과에서는 시원한 답을 들을 수 없었기에 아이를 데리고 대학병원을 돌기 시작했다. 소아과를 시작으로 신경외과, 이비인후과, 안과, 치과, 나중에는 정형외과까지. 뇌부터 시작해서 전신에 걸쳐 원인을 찾을 수 있는 조금의 가능성만 있다고 하면 어떤 검사든 마다하지 않았다. 그러나 늘 결과는 '이상 소견 없음'이었다.

그 이후 집의 아침 풍경은 완전히 달라져버렸다. 학교를 보내야 하는 엄마와 아파서 갈 수 없다고 버티는 아이의 실랑이로 집 안에는 늘 긴장감이 감돌았다. 아이와의 실랑이는 처음 한두 시간에서 시작해 날이 가면서 점점 길어져갔다.

다른 문제는 다 미뤄둔 채 나의 일상은 오로지 아이 등교 문제에 맞춰 굴러가기 시작했다. 어떻게든 아이를 등교시켜야만 했다. 아이가 아무리 아프다고 데굴데굴 구르고 떼를 써도 더 이상 물러서서는 안 된다고 생각했다. 좀 지나면 나아질 줄 알았던 상황이 점점 불투명해지고 있었기 때문이다. 거기에 아침마다 이뤄지는 담임 선생님과의 통화는 내 마음을 더욱 위축시키기에 충분했다. 아이를 업고라도 와야 하는 거 아니냐는 선생님의 말씀이 무겁게 내 마음을 짓눌렀다. 간혹 컨디션이 괜찮은 날은 아이 스스로 씻고 학교 갈 준비를 하기도 했다. 그러나 막상 현관을 나가야 할 때가 되면 어김없이 두통이 시작되었다. 아이의 결석일은 날이 갈수록 늘어만 갔다.

등교를 거부하는 아이의 모습에 나는 점점 지쳐가기 시작했다. 어떻게든 아이를 이해해보려 하고 야단보다는 잘 타일러 보려 했던 내 마음은 어느 순간부터 잔뜩 화가 나 있었다. '이래서는 안 돼. 아이는 지금 너무나 아픈 거야.' 마음 깊은 곳에서 들려오는 목소리를 나는 점점 무시하기 시작했다. 아이가 학교를 가지 않을 때마다 엄마로서의 역할을 제대로 하지 못하는 것 같다는 생각에 화가 치밀어 올랐다. '아니야, 지금 아이가 꾀병을 부리는 건지도 몰라. 이대로 아이를 가만 놔둘 수 없어.'

처음 아이가 아팠을 때에는 분명 걱정과 안타까움이 컸는

데, 어느샌가 아이를 대하는 내 마음은 불안감과 답답함으로 가득 채워져 있었다. 아이와 실랑이를 벌이며 나는 점점 심한 말을 쏟아내기 시작했다. 나의 말 한마디 한마디가 화살이 되어 아이에게 박히고 있음을 알면서도, 그 상처가 그대로 나에게 되돌아오는 걸 알면서도 불쑥 차오르는 화를 처리할 힘을 나는 점점 잃어갔다.

어떻게든 등교를 시켜야 한다는 생각만으로 머릿속이 꽉 찼다. 다른 생각이 비집고 들어올 틈이란 없었다. 그게 맞는 거라고 생각했다. 아무리 느린 걸음이어도 10분이면 충분한 거리를 1시간을 들여 등교를 시켰다. 아프다고 사정사정하는 아이의 목소리에 귀를 닫았다. 도망가려는 아이를 힘으로 잡아챘다. 아이가 발로 차고 주먹으로 때려도 아이를 잡은 두 팔에 힘을 풀지 않았다. 엄마의 손아귀에서 벗어나려고 안간힘을 쓰는 아이를 반 업다시피 하며 나는 온 힘을 다해 아이를 학교까지 끌고 갔다.

돌아오는 길, 여름날 오전 태양 아래 촛농이 녹아내리듯 온몸에서 힘이 빠져나갔다. 교문을 돌아서 나올 때면 언제나 심한 현기증이 났다. 눈앞이 뿌옇게 흐려지고 속이 울렁거려왔다. 쓰러질 것 같은 몸을 간신히 지탱해가며 겨우 도착한 집 앞. 현관문을 밀고 들어오자마자 신발도 벗는 둥 마는 둥 그대로 소파에 쓰러졌다. 아득했던 정신이 돌아오고 가빴던 숨이 제자리를 찾을 때면 아이에 대한 미안함과 안쓰러움이 마음 가득 몰려왔다. 비 오듯 쏟아지는 땀에 섞여 눈물이 흘러내렸다. 미안해.

원망에 가득 찬 아이의 눈빛이 떠오르자 미안함에 미칠 것만 같았다. 그러나 믿었다. 교실에 들어가고 나면 아이는 또 괜찮아질 거라고. 막상 가면 별문제 없이 잘 지낼 거라고. 억지로라도 가다 보면 어느 순간 이런 등교 전쟁 없이도 학교를 잘 가게 될 거라고. 그러니 힘을 내야 한다. 분명 이 전쟁은 끝난다.

책상 속 구겨진 시험지

여름방학이 시작되고 아이의 두통이 잦아들었다. 전과 다름없이 곤충을 관찰하고, 그림을 그리고, 동생과 잡다한 놀이들을 하며 깔깔 웃기도 하는 아이를 보며 내 마음 안에 있던 불안도 조금씩 작아져갔다. 그해에 태어난 막내 동생은 아이들에게 또 다른 행복감을 안겨주는 존재였다. 열 살 형과 여덟 살 누나는 겨우 뒤집기 시작한 아기 동생 옆을 맴돌며 조심스레 만지기도 하고 쓰다듬기도 하고 아기가 서로 자기를 봐주기를 바라며 옥신각신하다가도 또 깔깔거리며 장난을 쳤다.

육아의 고단함은 아이들의 웃는 모습에 금방 사라지곤 했다. 그렇다. 계속되는 고통은 없다. 아무리 힘든 순간이라도 견딜 만큼만 찾아오는 것이다. 삶이란 한 번씩 아파가며 성장하는 것. 시련이 있고 나서야 가치를 깨달아가는 것 아니겠는가. 아이의 등교 거부는 그런 인생의 작은 난관일 뿐, 이 또한 지나가는 것이겠지. 이쯤이야 뭐, 괜찮아. 이젠 별일 없을 거야.

멀리 가 있는 남편과 갓 태어난 막내 덕에 별다른 이벤트 없이 그해 여름방학은 조용히 지나가고 있었다.

개학 날 아침, 아이가 일어나지 못했다. 기척 없는 아이를 깨우려고 방문을 열자 아이는 머리를 감싼 채 식은땀을 흘리며 끙끙거리고 있었다. 개학과 함께 다시 시작된 아이의 두통, 이것이 의미하는 건 과연 무엇일까? 아이를 보는 순간, 애써 외면하려 했던 불길한 예감이 이미 내 안에 자리하고 있었음을 깨달을 수 있었다. 부정하고 있었지만 나도 모르게 내 무의식 속에서는 이미 알아차리고 있었던 것 같다. 완전히 사라져 다시는 찾아오지 않기를 바랐던 그것. 평화롭던 일상 뒤에 숨어 있던 그것의 형체가 순식간에 또렷해졌다. 심장이 빠르게 뛰기 시작했다. 손이 떨리고 눈앞이 아득해져왔다. 정신을 차려야 한다. 그리고, 생각을 해야 한다. 생각을 해야 한다.

담임 선생님의 전화번호를 누르는 손가락에 힘이 들어가

지 않았다. 여전히 진정되지 않고 심장이 마구 쿵쾅거렸다. "죄송합니다"라는 말을 남기고 전화를 끊는데 죄인이 된 것 같았다. 마음이 한없이 무거웠다.

아이는 여전히 비명을 지르며 울고 있었다. 무언가 잘못되었다. 길을 들어선 지 한참이 지나서야 길을 잘못 든 것을 안 낭패감이랄까. 그동안 별 탈 없이 잘 크고만 있는 줄 알았던 내 아이에게 대체 무슨 일이 일어나고 있는 것일까. 다시 돌아가야 한다. 지금, 내 아이가 아프다.

나는 신경정신과를 검색하기 시작했다.

아이는 신체화 증상을 동반한 소아 불안장애와 우울증 진단을 받았다. 사회성이 썩 좋은 아이가 아님은 알고 있었다. 순한 기질에 갈등이 생겨도 특별히 자기감정을 드러내는 아이가 아니었다. 그러나 참을 만한 줄 알았다. 그것을 나는 착한 것이라고 여기고 있었는지도 모르겠다. 하지만 아이의 마음은 조금씩 힘을 잃어가고 있었다. 착한 것이 아니라 참고 있었던 것이다.

매주 목요일마다 아이와 시외버스를 타고 50분 거리의 더 큰 도시로 가서 상담치료를 받기 시작했다. 늘 동생들과 함께였다가 엄마와 단둘이 시간을 보내는 것이 아이는 싫지 않은 듯했다. 엄마의 손을 놓았다가도 놓았던 손을 다시 찾아 잡는 아이를 보며 미안함이 몰려왔다. 아이를 잘 안다고 생각했는데, 잘 챙기고 있다고 생각했는데. 그동안 동생들에게 밀려 잡아주지 못했던 아이의 손이 참 낯설면서도 따뜻했다.

꽉 들어찬 감정들은 입구를 찾지 못하는지 좀처럼 밖으로 나오지 않았다. 두 달 정도가 지나서야 아이는 조금씩 자신의 마음을 표현하기 시작했다. 그동안 아이가 받은 상처, 마음의 고통, 불안함 그리고 무기력. 나는 아이를 몰라도 한참을 모르는 엄마였다. 지금까지 내가 안다고 여겼던 아이의 모습은 나에게 유리한 것들뿐이었다. 영리하고, 공부 잘하고, 온순하고, 엄마 말 잘 듣는 아이로 말이다.

아이의 등교 거부, 그리고 극심한 두통. 그 시작점은 예상할 수도 없는 아주 오랜 과거로부터 시작되고 있었다. 대부분은 교실 안, 선생님과 또래들 안에서 아이의 상처는 소리 없이 커져가고 있었다. 유치원 생활을 거쳐 3학년이 될 때까지, 교실 안에서 아이에게 하나의 상처가 아물기도 전에 또 다른 상처들이 덧입혀지고 있었다.

순하던 아이가 처음으로 고집을 부린 것은 여섯 살 때였다. 유치원에 가기 싫다는 것이었다. 어렵사리 들어간 곳이었는데 아이가 졸라대니 난감했다. 그러나 밝던 아이가 너무 침울해진 데다 선생님에 대한 주변 엄마들의 안 좋은 소문이 돌았기에 그 유치원을 그만두고 병설 유치원으로 옮겼다.

초등학교 1학년, 아이는 다른 아이들보다 보통 두 시간 정도 늦게 집에 돌아오곤 했는데 처음에는 집으로 오는 길에 이것저것 보느라 늦는 줄 알았다. 그러나 알고 보니 수업시간에 마무리 짓지 못한 도형 패턴 색칠을 남아서 하다 늦는 것이었다. 보통 남자아이들 같으면 놀고 싶어서라도 대충 끝내버릴 법한데 아이는 그 대충이 안 됐다. 그게 뭐라고. 끝끝내 시키는 선생님께도 야속한 마음이 들었다. 결국엔 남아서도 다 끝내지 못해 집에까지 가지고 와야만 했다. 도와주려고 해도 아이가 거부했기에 도와줄 수도 없었다.

3학년 2학기에 들어서서 아이의 등교 거부는 훨씬 더 거칠고 강해졌다. 더 이상 힘으로 밀어붙일 일이 아니었다. 교실에 들어가지 않겠다는 아이의 마음이 너무나 완강했고 그 마음을 존중해줄 수밖에 없었다. 다행히도 아이가 다니고 있던 초등학교에는 위클래스 교실이 운영되고 있었다. 그때만 해도 위클래스 교실을 운영하는 학교가 그리 많지 않을 때였다. 겨우 아이를 설득해 본래 교실이 아닌 위클래스 교실로 등교를 하기로 했지만 아침마다 벌어지는 등교 전쟁은 여전했다. 3학년 2학기, 아이가 본래 교실에 발을 들인 건 종업식 날, 그 날이 처음이자 마지막이었다.

아이가 교실에 있던 그 시각, 나는 위클래스 교실에 남아 선생님과 아이를 기다렸다. 종업식을 마치고 쏟아져 나오는 아이들의 발소리가 복도 가득 울리더니 얼마 지나지 않아 창밖 너머로 왁자한 아이들의 소리가 들려왔다. 삼삼오오 친구들과 교정을 빠져나가는 아이들의 움직임은 밝음 그 자체였다.

조금 있자니 위클래스 선생님이 아이의 손을 잡고 교실로 들어왔다. 내가 걱정할세라 선생님의 세세한 설명이 이어졌다. 아이는 멀찍이 놓인 테이블에 앉아 공룡 화석 키트를 만지작거리고 있었다.

나는 아이를 잠시 위클래스 교실에 남겨두고 아이의 물건을 챙기기 위해 3학년 교실로 향했다. 교실로 향하는 계단을 오르며 똑같이 이 계단을 올랐을 아이의 마음을 생각해보았다. 점점 교실에 가까워져갈 때 아이는 어떤 마음이었을까? 그 마음이 얼마나 힘든 건지 좀처럼 가늠이 되지 않았다. 도대체 어떻게 해야 아이의 마음이 편해지는 걸까?

학년이 마무리된 교실 안은 12월의 싸늘한 공기만이 감돌고 있었다. 아이의 이름표가 붙은 책상은 가장 구석진 창가 자리에 있었다. 기분 탓이었을까. 웬지 그 자리에 있지만 없는 것 같은 느낌. 아이는 이 교실에 소속되어 있었던 게 맞을까?

책상 속은 온갖 잡동사니로 가득했다. 수수깡이며 색종이며 풀을 덕지덕지 바른 종이들, 알 수 없는 조형물들, 심하게 구겨진 시험지들. 서랍에 손을 넣어 그것들을 빼내서 가지고 온 쇼핑백에 담았다. 빼내고 빼내도 끝없이 계속 나왔다. 앞쪽에 물건들을 빼내니 책상 깊숙이 박혀 있던 물건들이 탄력을 받고 와르르 앞으로 쏟아졌다. 하나같이 완성하지 못한 과제들, 그 사이사이 아이의 섬세함이 돋보이는 스케치들도 섞여 있었다.

굴을 파듯 책상 깊숙이 손을 넣어 휘저었다. 조각난 종잇조각들이 한 웅큼 집혔다. '뭐지?' 조각난 종이들을 대충 맞추어보니 풀지 않은 수학 시험지였다. 언젠가 선생님과의 통화에서 아이가 문제를 전혀 모르면서도 모르는 걸 인정하지 않는다는 말을 들었다. 문제들은 평소 아이 실력으로 풀기 어려운 수준이 아니었다. 그러나 시험지에는 연필이 닿았던 흔적이라고는 하나 없이 깨끗했다. 풀려고 시도조차 하지 않은 것이다. 교실에 있으면 머리가 하얘진다고 했던 아이의 말이 생각났다. 대체 그동안 아이는 교실 안에서 얼마나 힘들었던 것일까? 조각조각 시험지를 찢게 한 아이의 마음은 과연 무엇이란 말인가. 선생님께 혼났다며 풀이 죽어 말하던 아이의 모습이 머릿속을 스쳐 지나갔다. 그리고 그때마다 아이의 편에 서주지 않고 핀잔을 주었던 엄마, 바로 내가 떠올랐다.

나에게 막 화를 냈어요

'불안? 우울이라고? 다 마음먹기에 달린 거 아닌가? 큰 문제 아니야. 금방 좋아질 수 있어.' 아이의 진단명을 처음 들었을 때만 해도 그것이 그리 심각한 문제라고는 생각하지 않았다. 그러나 어디까지나 그것은 나의 선부른 생각일 뿐이었다. 막혔던 아이의 마음이 뚫리면서 점점 더 큰 응어리들이 튀어나오기 시작했다. 봉합이 되는 것이 아니라 점점 더 속수무책이 되어가고 있었다.

병원에서 말하길 아이는 또래보다 훨씬 예민한 데다 나이답지 않게 모순점을 파악하는 능력이 뛰어나다고 했다. 어떤 상황이나 관계들 속에서 옳지 않은 행동, 부당함을 정확하게 감지해낸다고 했다. 그러나 해결 능력은 보통의 아이들이 그러하듯 아이에게는 없었다. 잘못되었고 자신이 부당한 대우를 받고 있다는 것을 알면서도 거기에 어떻게 대응해야 하는지 그 답은 가지고 있지 않았던 것이다. 가족의 울타리 안에 있을 때는 그나마 안정감을 가지고 자신의 타고난 기질대로 살아갈 수 있었지만 본격적으로 기관에 다니기 시작하면서 아이의 예민함은 매 순간 부딪혔고 아이를 불안과 긴장 속으로 몰아넣었다.

호기심 많고 무엇이든 깊이 파고드는 기질은 학교 안에서는 환영받지 못했다. 궁금한 것도 많고 질문도 많은 아이인데 친절한 대답이 아닌 핀잔을 듣기 일쑤였고 꼼꼼한 성격은 느리다는 단점이 되어 돌아왔다. 활발하게 뛰어놀지 않는 성격은 또래 아이들 사이에서 겉돌게 만드는 이유가 되었다. 아이는 점점 위축되어갔다.

상담치료가 석 달째에 접어들고 있던 어느 날, 집으로 돌아오는 차 안에서 아이가 불쑥 말을 꺼냈다.

"엄마, 저 사과받고 싶은 사람이 있어요."

긴장이 되었다. 아이는 누구에게 사과를 받고 싶은 걸까? 그날 의사는 아이의 상처에 사과를 하라고 했다. 처음에 모든 원인을 외부에서만 찾고 있었던 나는 상담이 거듭되면서 점점 커져가는 심리적 부담감에 괴로워하고 있었다. 그동안 보이지 않던 나의 치부가 점점 선명하고도 적나라하게 드러나는 순간은 나를 너무도 당황스럽게 했다. 무엇이 그리 자신만만했던 것일까. 아무 걱정 없이 크고 있다고 여겼던 아이의 마음은 온통 멍투성이였다. 그 상처에 나 또한 책임이 있음을 부인할 수 없었기에 아이가 불쑥 꺼낸 그 한마디는 충분히 나를 긴장하게 만들었다.

"응? 그게 누군데?"

어떤 대답이 나올까. 어릴 적 엄하게 다루었던 아빠에 대한 원망이 나올까? 나에 대한 서운한 감정을 이야기할까? 그러나 아이의 대답은 전혀 예상하지 못한 것이었다.

"○○반 선생님이요. 선생님한테 사과받고 싶어요."

○○반 선생님이라니. 아이는 유치원 선생님을 말하고 있었다. 상담 덕인지 그때는 말하지 못했던 속상한 마음들을 아이는 차분히 이야기해나갔다. 어쩌면 그리도 아픈 말들을 골라 어린아이에게 했을까. 얼마나 상처가 컸으면 몇 년이 지난 지금까지 그 말들을 그대로 마음에 담아두고 있었던 것일까. 이야기 속의 아이는 언제나 혼자였다. 모든 것을 아이 혼자 감당하고 있었다. 그동안 아이가 보내왔던 구조 신호들이

생각났다. 순한 아이가 유독 유치원 등원 시간에는 왜 고집을 부렸는지, 참 모자란 엄마였던 나는 다른 데 신경을 쓰느라 그것들을 알아보지 못하고 지나쳐버리고 말았었다.

초등학교에 입학하고 1~2학년을 겨우겨우 버텨낸 아이는 결국 3학년 때 터지고 말았다. 어느 날 갑자기라고만 여겼던 두통 그리고 등교 거부. 그러나 그것은 갑자기가 아니었다. 아이로부터 교실로 들어설 용기를 잃게 한 그것은 무엇일까. 아이의 학교 책상 속 가득 구겨져 있던 완성되지 못한 과제들이 말하는 것은 무엇일까.

아이는 모든 걸 놓아버렸다. 처음에 그것은 어떤 이유도 없이 벌어지는 일처럼 보였다. 그래서 아이를 다그쳤고 어떻게든 교실로 아이를 집어넣으려 했다.

"어머니, 그래도 학교에 데리고 오셔야죠. 아프다고 다 받아주시면 안 돼요. 그러다 계속 안 온다고 하면 어찌하시려고 그러세요? 업고라도 오세요."

결석일수가 늘어나는 만큼 선생님의 다그침도 늘어났지만 반발하지 못했다. 나 또한 확신이 없었던 것이다. 어쩌면 모든 걸 약한 내 아이 탓이라고 여기고 있었는지도 모르겠다. 또 계속되는 등교 거부가 굳어질까 봐 겁이 났다. 어떻게든 데리고 오라는 선생님의 말이 맞다고 생각했다.

교실 안에서 아이는 혼자였다. 친구들의 무관심 속에, 그리고 어른들의 방관 속에 아이는 점점 위축되어갔다.

언젠가 아이가 말했다.

"엄마, 나 수학 문제가 하나도 보이지가 않았어요. 아무 소리도 안 들리고 아무것도 보이지 않았어요. 그래서 하나도 못 풀었어요. 선생님이 나에게 막 화를 냈어요. 그런데 나중에는 그 소리도 들리지 않았어요."

누구는 그게 뭐 대수냐고 얘기할 수도 있다. 아이가 너무 나약하다고 할 수도 있다. 그 정도 야단맞는다고 다 내 아이 같지는 않다고도 한다. 나도 정답이 뭔지는 모르겠다. 다만, 분명한 사실은 아이가 상처를 입었고 아주 오랜 시간 그 상처로 인해 고통을 받았다는 것이다.

잘못된 훈육의 역습

첫아이가 태어났을 때, 나는 아이에게 줄 것은 사랑뿐이고 아이에게 화를 낼 일은 절대 없을 거라고 여겼다. 나는 이 세상 어떤 엄마보다도 이성적이며 친절하고 한결같은 모습으로 아이를 대할 것이라고 결심을 했다.

그러나 25개월 터울의 남매 육아는 생각만큼 쉽지가 않았다. 더구나 주말부부로 홀로 육아를 감당해야 하는 현실은 가끔씩 잘 봉인되어 있던 나의 불만 단추를 누르고는 했다. 육아 스트레스가 쌓이면 몸만 지치는 게 아니라 정신도 피폐해지는지 별것 아닌 일에 짜증과 화가 올라왔다. 말썽이라고는 부려본 적 없던 첫째가 동생의 분유통을 엎어놓는가 하면 모유 수유 중인 동생의 발을 깨물기도 하고, 곤히 자고 있는 아기를 건드려 깨우기도 했다. 살살 타이르던 나의 말투는 어느새 고함이 되어갔다. 아이가 왜 그런 행동을 했는지 들여다볼 마음의 여유 같은 건 없었다.

야단이라는 걸 한번도 맞아본 적이 없던 아이는 처음에는 울지도 않고 눈만 깜빡거리며 나를 쳐다볼 뿐이었다. 처음 야단을 칠 때의 죄책감은 이루 말할 수 없었지만 그것이 반복되다 보니 어느새 내성이 생겼다. 소소한 다그침이 일상이 되고 두 아이가 커감에 따라 그 횟수는 늘어만 갔다.

상담치료를 받으며 아이의 기억 속을 들출 때마다 튀어나오는 아름답지 못했던 나의 모습들. 나에게는 기억조차 없는 순간들이 아이에게는 상처로 남아 있었다.

다섯 살 무렵, 여동생이 오빠 옷을 가위로 잘라놓은 적이 있다. 매사에 조심성이 많은 오빠와 달리 둘째는 장난을 치는 데 겁이 없는 아이였다. 책도 북북 찢어놓기 일쑤고 집 안 벽 곳곳, 가구며 커튼에다가도 거침 없이 낙서를 해놓았다.

아이들이 조용하면 사고를 치고 있는 것이다. 어느 날, 둘이 붙어서 뭔가에 집중하고 있는 모습을 가만히 들여다본 남편은 펄쩍 뛰며 불같이 아이들에게 화를 냈다. 호기심이 발동

한 여동생이 가위로 색종이만 자르면 되는 것을 오빠 내복까지 싹둑싹둑 자르고 있었던 것이었다. 일을 마치고 집에 돌아와 보니 아이들은 이미 눈물, 콧물 쏙 빠지게 야단을 맞고 난 뒤였다. 잘못은 동생이 했는데 자기가 왜 야단을 맞아야 하는지, 아이는 그때의 감정을 억울함으로 기억하고 있었다.

나도 나지만 남편은 더욱 예의와 규칙을 중요하게 여겼다. 또 우리가 체벌을 받으며 자랐듯이 내 아이에게 이뤄지는 체벌도 당연하다고 여기는 사람이었다. 그 모습이 불편했지만 적극적으로 말리지는 못했다. 아이에게 그것이 그토록 두고두고 기억에 남을 만큼 상처가 되리라고는 나 또한 생각하지 못했다.

훈육이라는 이름으로 한 행동들을 세세히 들추다 보면 안다. 온전한 훈육이라 하기엔 거기에 화도 섞여 있고, 나의 피곤함과 짜증도 들어 있다. 잘못 휘두른 훈육은 독이 되어 돌아온다. 그동안 표현하지 못한 억울한 감정들이 사라지지 않고 단단한 씨앗이 되어 아이의 마음속에 깊이 뿌리를 내린다.

아침마다 이어지는 두통과 등교 실랑이는 점점 거칠어져 갔다. 처음에 엄마의 힘에 끌려오던 아이는 어느 순간 소리를 지르고 물건을 집어던지며 분노를 퍼붓기 시작했다. 확실한 거부였으며 더이상 참지 않겠다는 신호였다. '어떻게 나한테 이렇게 버릇없이 굴 수 있지?' 당황스러움도 잠시 나 또한 머리끝까지 화가 치밀어 올랐다.

아이가 한 행동에 대해 지적을 하게 되면 그로부터 전쟁이 시작되었다. 한두 시간은 기본, 아이가 비명을 지르며 울었다. 아이가 울기 시작하면 여름이어도 모든 창문을 닫아걸었다. 창피했다. 그런 내 마음을 알았는지 아이는 발로 바닥을 쾅쾅 내리찍으며 더욱 심하게 흥분했다.

기억이 들춰질수록 튀어나오는 묵은 감정들. 그 안에는 학교, 선생님, 친구들에 대한 분노만 있는 게 아니었다. 나에게도 있었고, 남편에게도 있었다. 과거에 해결되지 못하고 치유받지 못한 감정들은 다투듯이 튀어나와 여기저기 부딪치고 상처를 냈다. 차분하고 세련된 방법을 기대하기엔 아이는 너무 어렸고 그 고통은 너무 컸다. 그동안 억눌려 있던 감정들을 쏟아내는 것은 반겨야 했지만 거칠게 뿜어져 나오는 분노를 감당해내야 하는 내 마음은 너무나 힘들었다. 그러나 인정할 수밖에 없었다. 엄마 말 잘 따르는 아이를 두었다는 태만함, 총명한 아이를 키우며 가졌던 자만심이 얼마나 허상에 가까웠는지 나는 뼈저리게 깨달아갔다. 아이 존재 자체가 아닌 엄마의 위신을 세워주는 도구로 아이를 대하고 있었음을 인정할 수밖에 없었다.

그동안 군말 없이 하던 학습지며 학원이며, 아이는 모두 걸 거부하기 시작했다. 등교도 제대로 하지 않는데 공부까지 놓아버린 아이의 태도를 용납하기가 힘들었다. 그러나 아이를 다그치면 어김없이 거친 행동들이 튀어나왔다. 내 기준에서 그건 엄연히 잘못된 행동이고 버릇 없는 행동이었다. 모든 게 내 뜻대로 되지 않았고 아이와의 갈등은 커져만 갔다. 우울증이 아니라 인성이 고장 난 듯 보였다.

병원에서는 아이에게 사과를 해야 한다고 했다. 처음에는 대체 내가 무엇을 사과해야 하는지 이해가 되지 않았다. '또 내 탓이란 말인가.' '왜 다 나만 잘못했다는 거지?' 너무나도 억울했다. 내 마음이 그러하니 아이와의 대치는 계속되었다. 아이의 분노 단추가 눌러지는 날은 그야말로 지옥이었다. 아이도 분노하고 나도 분노했다. '너만 힘든 게 아니야, 나도 힘들어.' 아니다. 힘들다는 표현은 사실이 아니다. 진실은 '왜 내 맘대로 안 되는 거야. 뭐가 문제인데.' 아이가 소리치는 것이 '엄마, 나 힘들어요'라는 것이었는데 그것도 못 알아듣고 내 마음의 고통만 보였다.

지금 생각해도 가슴 서늘해지는 날이 있다. 평생을 두고 나를 떠나지 않을 기억. 그날도 오전 내내 아이와 등교 전쟁을 벌이다가 결국 실패하고 둘 다 기진맥진한 상태였다. 아이는 두 시간 가까이 통곡을 하고 있는 중이었다. 달래봤자 소용이 없음을 알았기에 올라오려는 화를 꾹 참아가며 울음이 그치기를 기다렸다. 하지만 그칠 듯 그치지 않는 아이의 울음은 계속되었고 어느 순간 다시 거세진 울음에 결국 나는 화를 주체하지 못하고 말았다. 온 힘을 다해 눌러대고 있던 화는 내 통제를 벗어나 터져 나왔다. 아이를 향해 마구 소리를 질러댔다. 내가 소리를 지르면 지를수록 아이의 비명은 더욱 거세졌다. 사람이 내는 소리라고는 믿기지 않는 그 소리를 어떻게든 멈추고 싶었다. 누군가가 달려올 것만 같고 이 처참한 광경을 다 들켜버릴 것만 같았다.

아이의 얼굴에 내 손이 가닿았다. 순식간에 벌어진 일이었다. 그리고 이어진 정적. 아이의 비명이 뚝 멈췄다. 조금 전 아이가 비명을 지를 때보다 더한 공포감이 몰려왔다. '내가 대체 무슨 짓을 한 거지?' 숨이 제대로 쉬어지지가 않았다.

나는 서둘러 집 밖으로 나왔다. 그리고 한참을 걸었다. 집에서 한참을 벗어나 다시 돌아갈 힘조차 낼 수 없을 정도로 먼 데까지 마냥 걸었다. 그날 나는 아이에게 어떤 사과도 하지 못했다.

동굴로 들어간 아이

3학년이 끝나기 전에 나는 전국의 대안학교와 혁신학교를 뒤지기 시작했다. 웬만하면 시골의 작은 규모의 학교가 아이에게 도움이 될 것이라는 생각이 들었다. 살고 있는 지역에서는 찾을 수가 없었고 남편이 있는 지역을 중심으로 샅샅이 찾기 시작했다. 틈틈이 막내를 주위에 맡기고 서너 시간 거리의 학교로 견학을 가기도 했다. 그러다 시골의 한 혁신학교를 발견했다. 남편이 일하는 지역과도 멀지 않은 곳이라 더욱 마음에 들었다. 그러나 문제가 있었다. 그 지역으로 옮기기 위해서는 땅을 사서 집을 지어 들어가야만 했다. 금전적인 문제도 문제이지만 시간이 없었다. 고민이 되었다. 일반 학교로의 전학은 왠지 내가 자신이 없었다.

나는 홈스쿨링에 대한 정보를 다시 모았다. 자신은 없었지만 정 방법이 없다면 그 또한 감수할 수밖에 없다는 생각이었다. 공부를 해나갈수록 자신감이 생겼다. 내가 하고 있는 학원 일과 무관하지도 않고 어쩌면 아이의 장점을 살려 더 효과적인 방법이 될 수도 있겠다는 생각이 들었다. 왠지 아이도 좋아할 거라는 생각이었다. 그러나 아이는 홈스쿨링을 원하지 않았다.

4학년이 된 그해 3월, 아이는 아주 오랜만에 정상적인 등교를 했다. 등교 거부가 시작되고 8개월 만의 일이었다. 학교가 가까워질수록 혹시라도 "엄마, 저 집에 갈래요" 하면 어쩌나 조마조마하던 마음은 교문을 넘고 교실의 문턱을 넘으며 안도로 바뀌어갔다. 한때는 너무나도 평범했던 아침 풍경이었는데, 마치 아이가 첫 입학을 했던 그날처럼 설렘으로 심장이 쿵쾅거렸다.

아이는 전학을 원했다. 어쩌면 아이는 자기를 아는 사람들이 하나도 없는 곳에서 자기 안에 존재하는 그 빛을 다시 꺼내고 싶었던 게 아닐까? 자기를 놓아버리지 않은 아이에게 나는 기회를 주고 싶었다. 비록 시골의 혁신학교는 아니었지만 우리 가족은 완전히 새로운 곳에서 다시 시작하기로 결정했다.

새로운 도시, 새로운 선생님과 새로운 친구들. 새로운 환경에 아이가 어떻게 적응해나갈지 그 또한 불안하기는 마찬가지였지만 다행히도 아이는 힘을 내주었다. 공부도 다시 신경 쓰기 시작했고, 여동생과 함께 킥복싱 도장도 등록했다. 무엇보다도 걱정이었던 등교는 나보다도 아이가 더 신경을 썼다. 얼마 지나지 않아 새로 사귄 친구들과 어울려 밖에서 놀기도 하고 가끔 친구를 집에 데려오기도 했다. 아주 오랜만에 자기 친구가 생긴 아이의 얼굴에 웃음이 돌아왔다. 모든 것이 예전 그때로 하나하나 제자리를 찾아가고 있었다. 이대로만 부디, 이대로만 계속 가주기를. 매일 아침 등교하는 아이를 바라보며 나는 마음속으로 두 손을 모았다.

왜 일상의 평온함은 늘 잠시 잠깐만 우리 곁에 머물다 사라지는 것일까. 시간이 지나며 아이의 불안은 다시 요동치기 시작했다. 다른 아이들과 섞이지 못하면서 아이의 얼굴에는 그늘이 지고 점점 다시 자신감을 잃어갔다. 분명 아이는 온 힘을 다해 그 시간들을 버티고 있었지만 건드려진 마음은 쉽게 상처받았고 크게 아파했다. 다친 마음은 다시 어둠을 만들었고 움츠러들었다. 평정심을 잃고 당황한 마음은 또다시 숨을 곳을 찾아 들어가기 시작했다.

학교에서 돌아온 아이는 기진맥진해져 바로 잠들어버리기 일쑤였다. 저녁도 먹지 않은 채 다음 날 아침까지 아이는 잠만 잤다. 그렇게 방전되었던 에너지를 채우고 다음 날 다시 학교에서 모든 걸 쏟아붓고 온 아이는 또 잠으로 빠져들었다. 일상이 잠과 등교, 딱 두 가지로만 이루어졌다. 하지만 그 시간마저 흔들리기 시작했다. 조금씩 등교 시간이 늦어지더니 다시 신체화 증상이 나타났다. 그리고 또 다시 등교 전쟁이 시작되었다.

또 한 번의 절망. 아이는 예전 거친 그때로 되돌아가버렸다. 괴로움에 악을 쓰며 또 다시 울기 시작했다. 두 번째인 건 나에게도 마찬가지였다. 다시 시작된 등교 거부. 힘을 내야만 했다. 다시, 또 다시, 과거로 돌아가지 않도록, 아이가 다시 힘을 낼 수 있도록.

'멈추어서는 안 된다. 도와주자. 도와주면 다시 일어날 거다. 내가 아이보다 더 큰 그릇이 되어 온전히 품어주고 다독이면 아이도 힘을 내어 다시 밖으로 나갈 것이다.'

분노의 시간, 터져 나오는 울음. 아이를 다독이다가도 순간

벌컥 화가 치솟는 내 마음. 아이의 마음을 인정해야 하는데 아무리 다짐에 다짐을 해보아도 점점 역부족이 되어갔다. 아이를 온전히 끌어안고 토닥여야 한다고 아무리 생각을 해도 조금만 불안이 올라오면 온 집안을 뒤집어놓는 아이를 나는 더 이상 감당할 수 없었다.

아이의 상처를 어루만지기는커녕, 자칫 아이의 분노 버튼이 눌러질까 봐 그것을 피해 다니는 데 급급했다. 한 계단씩 차곡차곡 오르면 된다고 여겼던 마음은 점점 자포자기 심정이 되어갔다.

어느 날, 아이는 완전히 방전되어버렸다. 활활 타던 불기둥에 확 하고 물을 끼얹은 듯 아이의 불씨가 순식간에 사그라들었다. 그나마 오가던 대화조차 완전히 끊어지고 방문이 굳게 닫혔다. 아이를 깨워 등교를 시키는 과정은 날이 갈수록 힘들어져만 갔다. 매일이 지각이었고 결석이 쌓여갔다. 아이의 마음은 날이 갈수록 학교를 등지고 반대로 걸어가고 있었다. 학교뿐만이 아니었다. 세상의 울타리를 넘어 한 발 한 발 자기만의 세계를 향해 걸어 들어가기 시작했다.

아침마다 방문 앞에서 하염없이 아이를 불러보지만 정말 자는 것인지, 일부러 말을 안 하는 것인지, 아이와의 소통은 힘들어져만 갔다. 며칠째 기척도 없는 아이, 살아 있기는 한 것인가? 불쑥 찾아오는 말도 안 되는 걱정에 방문에 귀를 대고 아이의 숨소리를 쫓다 보면 어느 틈엔가 점점 커져오는 내 심장소리가 들렸다.

아이는 어쩌면 온몸으로 나를 밀어내고 있었는지도 모른다. '엄마도 이제는 내 방패막이가 아니야.' 닫힌 방문 너머 아이가 나를 향해 말하고 있는 듯했다. 한마디 대답할 힘까지 모두 소진한 것인지, 거부인 건지 아이의 침묵은 계속되었고 나 또한 침묵할 수밖에 없었다.

새로운 환경과 친구들 속에서 최선의 노력을 다하고 있었을 아이를 내가 좀 더 알아줬어야 했던 것일까? 생각해보면 아이더러 더 노력하라고만 했다. 네가 먼저 다가가라고만 했다. 힘든 마음을 안아주기보다는 대책을 말하고 조언하고 비판하는 것이 먼저였다. 그동안 몰아붙이기만 했던 시간들을 떠올리자 하염없이 자책감이 밀려왔다.

아이는 정말 잠만 잤다. 어떻게 저 정도로 잘 수 있을까 싶을 정도로 자고 또 잤다. 먹지도 않고 잠만 자는 게 며칠이고 이어졌다. 먹는 것이 없으니 화장실에 갈 필요도 없는 듯했다. 먹고, 씻고, 자고, 기본적으로 해야 하는 이런 것들이 모두 비정상적으로 돌아가기 시작했다.

더 이상 움직이지 않는 아이, 안에서 단단히 문을 잠그고 아이는 무슨 생각을 하고 있는 것일까. 이 시간이 얼마나 이어질까.

열 번 찍어 안 넘어가는 나무

똑똑.

"○○아, 일어나야지. 오늘은 등교한다며."

방 안에서는 아무런 대답이 없다. 다시 노크를 해본다.

"가서 한 시간만 앉았다 오자. 졸업은 해야지. 이제 결석일 수 얼마 안 남았어. 힘내보자. 응?"

여전히 방 안에서는 그 어떤 대답도 들려오지 않는다. 나는 털썩 소파에 앉아버린다. 창밖에서 들려오는 새소리가 맑고 청량하다. 말끔히 청소가 되어 있는 거실. 평화로운 풍경이다. 그러나 내 마음은 지옥을 오가고 있었다.

굳게 닫힌 방문 앞에서 아이의 이름을 부르기를 수차례….

여전히 아무 대답도 없다. 지친다…. 그만하고 싶다. 알 수 없는 고통이 몸속 저 깊은 곳으로부터 조금씩 차오른다. 다리를 지나 손끝, 팔 허리 심장을 향해 고통이 번져들고 있다. 거실 소파에 멍하니 앉아 점점 차오르는 그 고통에 나는 어떤 저항도 하지 못하고 몸을 내맡기고 있었다. 공황장애, 가슴을 쥐어짜는 듯한 통증이 몰려왔다. 숨을 한 웅큼도 쉴 수가 없었다. 통증에 저절로 몸이 움추려졌다. 한껏 웅크린 자세만큼 마음 또한 온 힘을 주어 구긴 종이 뭉치처럼 딱딱해지는 것을 느꼈다.

저절로 되는 줄 알았던 부모 노릇은 예상 밖의 난관투성이고 정확한 해결법을 제시하는 매뉴얼 같은 건 어디에도 없었다. 그때그때 해결하지 않고 넘어간 문제들이 부메랑이 되어 다시 돌아오면 그제야 어디에서 문제가 있었는지 더듬거리는 실수를 반복할 뿐이었다. 그중에서 가장 큰 실수라면 아이의 말을 귀담아 들어주어야 한다는 것을 깜빡했다는 것이었다.

같은 기억이라도 모두가 똑같은 기억을 공유하는 것은 아니다. 기억은 언제나 주관적일 수밖에 없다. 가끔은 왜곡되어 자신에게 유리한 방향으로 뇌에 세팅이 된다. 아이는 분명히 수많은 SOS를 나에게 보냈을 것이다. 그러나 내 기억 속에는 그런 순간이 별로 없다. 그래서일까? 아이의 고통이 머리로는 이해가 되었지만 마음으로 내려오는 데까지는 한참의 시간이 걸렸다.

세상 밖에서 받은 상처로 아무리 괴로워도 그 상처를 돌봐주고 같이 아파하는 공감자가 곁을 든든히 지켜주기만 했다면 치유의 과정은 훨씬 수월했을 것이다. 그런데 나의 실수가 바로 그것이었다. 그때 충분히 공감해주지 못했다는 것. 아이의 아픔보다 내 아픔이 더 커 보였다는 것. 내 힘을 더 길러 든든히 아이 마음을 받쳐주지 못했다는 것.

'아, 여기서 내가 한 발만 더 나가면 아이는 폭발하겠구나.' 그 순간이 분노 단추 바로 앞에 와 있을 때다. 어쩌다 그 분노 단추가 눌러지는 순간은 바로 전쟁터가 되기에 나의 모든 시간은 그 분노 단추를 피해 다니는 데 집중되었다.

아이는 다른 누구에게도 화를 내지 않았다. 유독 엄마인 나에게만 모든 화가 집중되었다. 나에게 함부로 하는 아이가 괘씸했고 참을 수 없었다. 아이의 행동이 구조 신호인 것을 망각하고 매일같이 날선 도끼로 아이를 쳐서 넘어뜨릴 생각만 했다. 그동안의 상담은 물거품이 되어버린 지 오래였고 아이와 선을 넘는 실랑이가 매일 이어졌다.

아이는 자신에게 상처를 준 이들보다 제대로 치료해주지 않는 나에게 분노한 것이 아닐까? 엄마가 어떻게 그럴 수 있냐며 원망을 쏟아낸 것은 아닐까? 가장 마음이 닿아 있다 여겼고, 가장 의지했던 대상이 엄마였기에, 유독 나에게만 더 화를 냈던 게 아닐까? 이제 와서 보이는 것들이 있다. 그때 내 눈앞은 짙은 어둠으로 가득할 뿐 아이의 마음은 잘 보이지 않았다.

사랑으로 내게 온 아이는 이 세상을 끝장내고 싶도록 만드는 장본인일 뿐이었다. 아무리 마음을 돌리려 해도 모든 게 아이 때문이라는 생각을 떨칠 수가 없었다. 아무리 내가 잘못을 했다 해도 아이의 행동은 과할 뿐이었다. '아이에게 이런 모욕을 들을 만큼 내가 무엇을 그렇게 잘못했단 말인가. 모든 게 아이 탓이다.'

나는 매일같이 도끼날을 갈며 아이를 찍고 또 찍어댔다. 자식은 찍어서 넘어뜨려야 하는 대상이 아닌데 그때는 그것을 몰랐다. 아이의 행동 너머를 볼 생각은 못 하고 나 자신을 지키기 위한 방어에만 급급했다. 사랑만으로 가득할 줄 알았던 아이와의 관계는 그 사랑을 의심하는 관계가 되어버렸다. 아이를 돌아 세워야 하는데 나 또한 엉뚱한 곳을 바라보며 잘못된 길만을 걷고 있었던 것이다. 내가 아이를 이겨야지 이

지옥 같은 전쟁이 끝이 난다는 어리석고도 잘못된 믿음의 길로 말이다.

삶은 언제나 예고 없이 들이닥치는 사건들의 연속이다. 좋은 일이든 나쁜 일이든 갑자기 등장하여 우리의 순발력을 시험한다. 아이의 불안장애와 우울증 그리고 등교 거부, 모든 것이 어떤 예고도 없이 찾아왔다.

삶에 행복만 존재하지는 않는다. 괴로움과 고통은 행복의 반대편에 서서 언제나 우리를 노린다. 하지만 극복 못 할 어려움은 일어나지 않을 것이라고 생각했었는데…. 방심했다. 삶이란 무섭도록 처절한 것이었다. 극복이라는 게 말처럼 쉬운 게 아니라는 걸 뼈저리게 깨달아가는 과정일 뿐이었다. 아침이 오면 감은 눈을 뜨는 게 겁이 날 수도 있는, 삶이란 그렇게 무지막지한 괴물 같은 것이라는 걸 아이는 매 순간 나에게 가르치고 있었다.

불행했던 마음이 다시 행복을 바라보기까지는 쉼 없는 노력의 시간이 필요하다. 그러나 불행을 가슴에 받아들이는 데에는 별다른 노력이 들지 않는다. 내 마음은 무서운 속도로 불행을 향해 달려 나아갔다. 어떤 노력도 필요 없이 불행에 마음을 내맡기는 순간 하루아침에 내 마음은 지옥에 다다라 있었다.

자연스레 불안감이 나의 아침을 함께했다. 어지러운 현기증과 함께 방금 일어났음에도 과한 노동에 시달린 듯 피로감과 함께 하루를 시작했다. 영원히 이렇게 살겠구나. 아이도 나도 우리에겐 암울한 미래밖에 없겠구나. 엄마로서 할 수 없는 말들이 자연스럽게 떠올랐다. 아이의 방문 앞에서 더 이상 들리지 않는 대답을 기다리며 하루하루 내 마음은 무너져갔다.

"조금만 더 있다가요."

어쩌다 들리는 이 말을 나는 더 이상 믿지 않게 되었다. 포기였을까? 아마 그랬을지도 모른다. 내 마음에서 희망이 점점 작아져갈 때 나는 아이를 포기하려는 마음을 가졌을지 모른다. 너무나도 자연스럽게 어떤 낌새도 없이 나는 아이를 놓아버리고 있었는지 모른다.

악다구니를 쓰며 싸우는 시간보다도 끔찍하도록 고요한 침묵의 시간들이 계속되었다. 더 이상 아이의 미래가 그려지지 않았다.

2장

동굴 속으로 들어간 아이

무기력아, 제발 가 줘

과거를 떠올렸을 때 기억이 잘 나지 않는 시간들이 있다. 너무나 힘들어서 너무나 아파서 마음이 감당하기 버겁다고 여기면 자동 삭제 버튼이 눌러지는 것인지, 뿌연 먼지를 덮어쓰고 모르는 척, 잊은 척 살라고 말하는 것 같은 그런 시간들이 존재한다. 아이가 분노를 터뜨리고 매일같이 충돌을 벌이던 시간들은 강렬한 기억과 함께 저장되어 있다. 하지만 아이가 한없이 동굴 속으로 숨어들기만 하던 시간들은 기억이 조각나고 군데군데 지워진 채 잔상만이 남아 있다. 끝도 없는 기다림에 지치지 않겠노라 다짐을 거듭하던 나의 마음. 끝없는 기다림의 시간 속, 아이와의 부딪힘은 거의 없고 매 순간

굳게 닫힌 방문을 바라보며 괜한 감정에 흔들리지 말라고 마음을 꽉 움켜쥐고 있었던 그때의 시간들. 나에게는 아이가 분노를 터뜨리던 시간들보다 더 큰 인내와 매일매일을 견디는 용기가 필요했던 시간들이었다.

아이가 힘든 학교생활을 그나마 버틸 수 있도록 해준 건 '친구'였다. 단 한 명, 아이가 세상에 발을 딛고 서는 데는 단 한 명의 친구만 있으면 되었다. 그런데 늘 그 단 한 명이 어려웠다.

6학년, 또 한 번의 기회가 아이에게 찾아왔다. 아이와 통하는 친구가 생긴 것이다. 그것도 한 명이 아닌 여러 명이 말이다. 덕분에 아이가 등교하는 날이 점점 늘어갔고 늘 집에만 있던 아이가 학교가 끝나고도 저녁 무렵까지 밖에서 놀다 들어오는 날이 많아졌다. 이사 오고 한참이 지나도 몰랐던 동네 이곳저곳을 누비며 그 또래 아이들다운 일상이 아이에게도 찾아왔다.

아이에게 친구가 생긴 것만큼이나 반가운 것은 아이의 방문이 열리게 된 것이었다.

아이들이 등교하고 난 오전, 언제나 잠겨 있기만 했던 아이의 방문을 활짝 젖히고 들어간다. 창문을 끝까지 열어 환기를 한다. 이불을 걷어 먼지를 탁탁 털고, 전날 벗어놓은 빨래 가지들을 세탁기에 집어넣는다. 좀처럼 어지럽혀질 일이 없었던 책상 위에 물건이 쌓인 걸 보고 미소가 지어진다. 어수선하게 어질러진 공간은 그대로 '내 아이가 살아 있다는 증거'였다.

3학년 이후로 아이는 무엇을 하고 싶다거나 무엇이 갖고 싶다는 욕구가 사라진 듯 보였다. 5학년 때 스마트폰을 가지고 싶다고 조른 것 외에는 그 무엇에도 관심을 두지 않았다. 그랬던 아이가 친구들과 어울리며 이것저것 관심을 보이기 시작한 것은 그 무엇보다도 반가운 일이었다. 아이가 가장 먼저 호기심을 보인 것은 자전거였다. 운동 신경도 부족하고, 또 내내 방에만 갇혀 지내던 아이가 제대로 자전거를 탈 수 있을까 걱정했던 것과는 달리 아이는 3일 만에 자전거를 마스터했다. 그건 아마 정말 오랜만에 아이가 맛본 성취감이었을 것이다.

여기저기 긁히고 멍이 들어 엉망이 되어 돌아온 아이의 얼굴은 며칠을 밖에만 있었기에 까무잡잡 그을려 있었다. 상처에 약을 바르는 사이 아이는 그동안의 무용담을 말해주었다. 비록 웃음기 없는 표정이고 무덤덤하게 이어가는 말이었지만 차분한 말투 속에 배어든 흥분된 마음이 충분히 느껴지고도 남았다. 아직은 무표정한 저 얼굴에 언젠가는 미소가 생겨나지 않을까? 이대로만 쭉 가준다면, 지금의 이 시간이 계속 이어지기만 한다면, 아이는 다시 동굴로 들어가지 않을지도 모른다. 지금처럼 까지고 멍이 든 아이의 상처에 약을 발라주는 일상이 이어지기를. 그때는 등짝도 때려가며 다른 엄마들처럼 잔소리도 한바탕 늘어놓고 싶다. 그럼 툴툴대며 아이는 자기 방으로 도망치겠지. 그런 잔잔한 일상이 나와 아이의 것이 되기를 마음속으로 나는 바라고 또 바랐다.

가죽공은 구르고 굴러도 흠집은 날지 몰라도 잘 찢어지지는 않는다. 그러나 아이의 마음은 가죽공이 아닌 모래밭을 구르는 유리공과 같았다. 겉으로는 단단한 척해도 조금의 긁힘에도 순식간에 박살이 날 수 있는 유리공처럼 아이의 마음은 언제나 아슬아슬하기만 했다. 쭉쭉 달려나가지 않아도 된다. 힘들면 잠시 멈춰 숨 고르기를 할 수 있다. 그러나 아이의 숨 고르기는 매번 너무나 길었다.

새학기가 되고 아이는 다시 친구들과 멀어졌다. 행동이 조금만 과격한 친구에게도 아이는 강한 위협을 느꼈고, 고학년이 되어 일탈을 하는 친구들도 등장하자 그것을 못 견뎌했다.

작은 다툼에도 아이는 크게 위축되었고 그것은 관계에 치명적으로 작용하였다. 그리고 지난날의 기억들은 아이에게 트라우마가 되어 태클을 걸어댔다.

한없이 가라앉기만 하는 아이, 툭하면 자기만의 동굴로 숨어드는 아이의 마음이 단단해지기까지는 얼마의 시간이 필요한 걸까?

나의 기대라는 것은 언제나 100퍼센트가 아니었다. 51퍼센트. 딱 중간에서 1퍼센트만 밖을 향하면 되었다. 안과 밖, 나왔다 들어가기를 반복하더라도 힘의 균형이 안으로만 향하지 않으면 되었다. 동굴에서 나온 걸음이 다시 동굴로 향하더라도 동굴 밖에 머무는 시간이 단 1퍼센트만큼만 더 되면 되었다.

매 학년, 매 학기마다 수평에서 시작된 시소놀이는 학교와 방, 좌우를 왔다 갔다 반복하다가 어느 순간 한쪽으로 가파르게 기울어지고는 했다. 아이는 다시 등교를 멈추어버렸고, 친구들을 차단하고 또다시 깊은 잠에 빠져들어갔다.

기대와 절망의 반복 구간은 험난한 여정임에 틀림없다. 그럼에도 품었던 또 한 번의 기대가 좌절되는 순간, 몰려오는 자책과 아이를 향한 원망은 꼭 쥐고 있던 마음의 밧줄을 놓게 만들었다.

그러다 어느 순간 깨달았다. 기대 뒤에 절망이 왔듯 절망 뒤에는 다시 기대의 순간이 온다는 것을, 아직은 동굴로 향하는 마음의 무게가 훨씬 무겁지만 그것이 끝이 아니라는 것을, 끝에 다다르기까지 얼마의 반복 구간이 더 있는지는 모르겠지만 분명한 건 다시 기회가 주어진다는 것을 말이다. 그러니 좌절이라 말하지 말자. 절망을 마음에 품지 말자. 어차피 기대와 절망은 한 몸이었다. 하나가 오면 또 다른 하나가 따라오는 것이다. 그러니 한 면만을 보지 말고 양쪽을 같이 보자. 벽 하나를 두고 어둠과 빛은 갈린다. 벽에 문을 내고 한 걸음 나오겠다는 마음만 먹으면 벽을 허무는 건 문제도 아닐 것이다.

아이의 시간에 절망하지 말자. 아이는 지금 벽을 허물 힘을 만들고 있는 것뿐이다. 그리고 그 힘은 아이를 끝까지 믿어주는 마음, 부모의 믿음을 먹고 자라날 것이다.

작은 움직임에도 많은 에너지가 필요한 날이 있다.
마음 쉬어가고 싶은 날,
생각의 통로를 마개로 단단히 밀봉하고 잠시 숨을 고른다.
삶은 여전히 두렵고 그 두려움은 계속될지 모른다.
어떤 날은 의연할 테고 또 어떤 날은 오늘처럼 흔들리겠지.

내 마음의 작은 돛단배가 너무 많이 출렁이지 않기를,

풍랑에 안녕하기를,

내 두려움의 씨앗이 싹을 틔우지 않기를.

자기를 사랑하지 않는 아이

진정한 두려움은 그런 것이다. 아이가 자신의 빛을 믿지 않는다는 것, 그래서 자신의 삶을 위해 아무것도 하지 않는다는 것. 등교를 안 하는 게 아니라, 밤새워 게임을 하는 게 아니라, 갑자기 터져 나오는 분노가 아니라, 정말 두려워해야 할 것은 아이가 자신을 더 이상 사랑하지 않는 것이었다.

학교에 가고, 교실에 앉아 수업을 듣고, 친구와 어울려 놀고…. 집 밖에서 이루어지는 모든 관계가 아이에게는 도전이었다. 그 도전은 언제나 두렵고 어려웠다. 나는 안다. 어떻게든 버텨보려 했던 아이의 마음을. 굴복하고 싶지 않고 학교 안에 섞여들어 그저 평범한 일상을 살고 싶었을 아이의 마음을. 마음에 가득 담고 있던 자신감, 할 수 있다는 믿음, 그리고 자기를 향한 사랑은 어느새 숭숭 나버린 마음의 구멍을 통해 줄줄 새고 있었다. '그래도 해볼까?' 마음을 먹고 극복의 언덕을 넘어가기엔 아이의 마음은 턱없이 힘을 잃어버렸고 결국은 뒷걸음질쳐 동굴로 들어가기를 선택하고 말았다. 그렇게 아이는 모든 스위치를 꺼버리고 깊은 잠에 들어갔다.

아이의 강박이나 불안을 건드리는 요소들을 제거할 수 없는 현실에서 아이가 버텨낼 수 있는 방법이 무엇일지, 어떻게 아이를 도와야 할지, 나 또한 갈팡질팡 헤맬 뿐이었다. 해봤자 소용없다고 스스로 결론을 내린 아이는 어떤 회유에도 더 이상 움직이지 않았다.

중2가 되자 아이의 은둔 생활은 최고조에 달했다. 폰 번호도 바꾸고, 외출은 물론 거실에조차 나오지 않고 방 안에 틀어박혀 잠만 잤다. 씻지도 않고 먹지도 않았다. 자고 또 자기만 했다. 완벽한 세상과의 단절이었다.

'이제 더 이상 안 해. 난 그냥 이대로 멈추어 있을래. 이제 어떤 의욕도 없어.'

사람에 대한 일말의 기대 같은 건 더 이상 품지 않겠다고, 내가 무엇인가를 할 수 있다는 생각 따윈 집어던져버리겠다고 아이는 말하는 듯했다. 때로는 입으로 하는 말보다도 몸으로 보여주는 말이 정확할 때가 있다. 입으로는 포기를 말해도 잠재되어 있는 의식은 또 한 번의 기회를 자신에게 제공하고 싶어 할 수 있다. 마음속에 내재되어 있는 자기애는 결코 스스로를 포기하려 하지 않는 법이니까 말이다. 그러나 아이는 의심의 여지없이 완벽하게 자신을 놓아버렸다.

아이는 다른 사람들로부터 인정받고 싶어 했다. 완성하는 것에서 그치지 않고 그 이상을 해내는 자신을 보여주기를 원했다. 어릴 적 받은 상처들 때문인지 사람들로부터 인정받고자 하는 욕구가 강했다. 그러나 자신감은 날이 갈수록 떨어졌다. 자신을 마냥 찌질하다고 여기며 무엇에도 만족하지 못했다. 아이가 도전하고자 하는 것들은 너무나도 현실성이 떨어진 것들이었다. 그러다 보니 시도조차 하지 못하고 포기해버리는 게 대부분이었다. 그러고는 해내지 못한 자신에게 실망하고 왜곡된 생각들로 자신을 괴롭혔다.

'난 끝났어. 이제 희망 따위는 없어. 난 아무것도 하지 못할 거야.'

악순환의 반복이었다.

인정받고자 했던 욕구는 달리 말하면 자기애의 증거가 아닐까? 하지만 그 욕구마저 놓아버린 아이는 점점 무기력 속으로 침잠해 들어갔다. 무기력, 즉 자기애의 결여 속으로.

'괜찮아, 노력했다는 것이 중요하지. 절대 포기하지만 않으면 돼.'

아이를 위로한다고 하는 말들은 허무하게 공중으로 흩어져 날아갔다.

힘들었던 마음을 일으켜 세워 다시 해보겠다는 마음을 먹게 하는 것이 진정한 위로다. 전혀 괜찮지 않은 아이에게 '괜찮다' 말하는 건 위로가 아니라 횡포일 수 있다. 위로를 하고 싶은 나의 마음은 한참 동안 방향을 잃고 아이에게 다다르지 못했다. 이미 무너져버린 마음은 어떤 것도 받아들이려 하지 않았고 점점 더 왜곡되어갈 뿐이었다. 아이의 발걸음은 앞으로 나아가지 못하고 뒷걸음질쳐서 저 멀리 달아나려고만 했다.

솔직히 나는 오랫동안 아이를 의심하고 있었다. 학교에 가기 싫어서, 귀찮아서, 밤새 게임을 하고 피곤하니까 등교를 못 하는 게 아닌지 그런 불손한 의도가 있는 게 아닌가 하고 말이다. 아이의 마음이 어떤 상태인지 들여다보려는 노력은 하지 않고 학교에 가지 않으려는 행동에만 온통 신경이 쏠려 아이의 마음을 섣불리 재단해버렸던 것이다. 그건 실수였다. 그나마 있던 조금의 외출도 완전히 끊기고 나서야 나는 확실히 알 수 있었다.

'이후의 시간은 앞의 시간들과는 또 다른 기나긴 멈춤의 시간이 되겠구나.'

이제는 어떻게 되어도 상관없다는 마음을 먹기까지 아이는 홀로 얼마나 힘들었을까? 어릴 적 아이는 여린 새싹이지만 생기 넘치는 봄이었고, 에너지로 가득 찬 여름날의 짙은 녹음이었다. 그 마음이 차갑게 얼어붙은 겨울 강이 되기까지 얼마나 힘들고 외로웠을까.

정말 슬퍼해야 할 것은 학교를 가지 않는 것도 아니고 생활 습관이 엉망이 된 것도 아니었다. 다 무너져 내린 마음을 이끌고 깊은 쉼 속으로 빠져든 아이의 주저앉은 자존감, 힘을 잃고 꺼져버린 자기 자신에 대한 사랑이었다.

한번 무너진 마음은 그것의 몇 배나 되는 회복의 시간이 필요하다. 봄을 잃은 아이의 마음에 어떻게 하면 다시 봄이 찾아들게 할 수 있을까? 입구를 단단히 못질하고 깊은 동굴로 들어가버린 아이, 방법은 무엇일까. 방법이 있기는 할까.

정지 상태로 흘러가는 아이의 시간, 그간에 내가 흘린 눈물들. 고통에 내지른 소리 없는 비명들. 혼란과 혼돈의 아귀다툼 속에서 나는 홀로 싸웠다. 누구도 모르는 나만의 쓸쓸하고도 기나긴 싸움이었다. 온갖 방법이란 방법으로 아이를 끌어내려 하고 사랑한다 말했으나 그 무엇도 소용이 없었다.

오랜 시간을 돌고 돌아 내가 찾은 해답은 '사랑'이었다.

아이가 스스로를 사랑하지 않는다면 적어도 사랑받고 있는 존재라는 것은 알게 해주어야 했다.

나를 사랑하는 누군가가 있다는 걸 믿게 하는 것. 나 자신을 사랑하지는 않지만 적어도 누군가 한 사람 나를 조건 없이 사랑해주고 있구나, 믿게 해야 했다. 그 믿음은 아이 마음에 빛이 스며들게 할 것이었다. 그렇게만 된다면 비록 한쪽 통로가 막혔다 해도 반대쪽 통로로 나올 기회를 만들 수 있을 것이었다.

벽을 사이에 두고 방 안에 스스로를 가두고 있어도 아이는 모든 걸 안다. 말하지 않아도 행동으로 보여주지 않아도 나의 마음은 아이에게 전달이 된다. 무심코 흘린 한숨에도 아이는 모든 걸 읽을 수 있다. 그러니 내 마음이 절망에 젖어 있으면 안 되었다. 나의 힘든 모습, 힘든 마음을 보여서는 안 되었다.

절망보다는 희망을, 슬픈 표정보다는 미소를 선택해야 했다. 내 마음이 사랑을 담을 최상의 상태에 머물고 있어야 벽 너머 아이에게 사랑의 에너지를 불어넣어줄 수 있었다.

'지금 너 그대로 괜찮아. 그냥 너라는 것 자체로 말이야. 네가 어떤 아이여서가 아니라 그냥 너라서 엄마는 널 사랑해.'

모든 걸 걷어내고 보면 남는 건 '사랑'이었다. 너는 나의 사랑하는 아이, 사실 그거 하나로 충분했다.

아이를 두고 동굴에서 나오다

마음은 외부 자극에 따라 시시각각 다른 감정들로 채워지곤 한다. 특히나 부정적 감정에는 더 쉽사리 마음을 내어주고는 하는데 기다리겠노라 다짐한 마음에 무리가 온 것일까? '잡다한 감정들에 휘둘리지 않겠다' 했던 마음은 애써 닦아도 닦여지지 않는 부정적 감정의 찌꺼기들로 금방 다시 더러워지고는 했다.

힘을 내고 싶어도 힘이 나지 않는 시간이 있다. 자꾸만 늘어나고 있는 기다림의 시간에 끝을 기약할 수 없을 것 같은 암담함, 변화 없는 아이에 대한 야속함과 원망, 주체가 되지 않는 원망이 커지고 커져서 돌아버릴 것 같은 마음. 생각이 정지되고 약을 발라도 치유되지 않는 어쩔 수 없는 아픔 같은 것, 가만히 있어도 이내 어깨를 들썩이며 흐느껴 울게 만드는 그런 감정이 점점 마음에 무겁게 쌓여갔다.

깊은 동굴 속에 들어가 있는 건 아이만이 아니었다. 나 또한 까마득한 동굴 낭떠러지 아래로 굴러떨어져 있었다. 불안감의 무게를 이기지 못한 채 무릎이 꺾이고 땅 밑으로 꺼져 들어갈 듯 아슬아슬하기는 아이나 나나 다를 바가 없었다. 그렇게 한참을 땅을 짚고 일어날 기운 하나 없이 아이와 함께 그곳에 쓰러져 있었다.

현실을 바꾸는 건 생각 하나이다. 그 생각을 통한 나의 선택, 그것이 내일을 바꾼다.

"엄마, 기다려주세요."

인생의 결정적 순간이 나도 모르는 사이에 갑자기 나타났다. 얼음보다 차갑고 단단했던 내 마음은 아이의 한 마디 말에 와르르 무너져 내렸다. 더 이상은 아이를 사랑할 자신이 없다고 단정 지었던 마음에 '쩡' 하고 금이 가더니 그 안에 가득 고여 있던 사랑이 순식간에 쏟아져 나왔다.

그것은 더는 절망에 놓여 있지 말라는 구원의 메시지였다. 멀었던 눈이 빛을 받아들이듯 그제야 바로 보이는 아이의 눈, 그 눈을 보는 순간 알았다. 온 힘을 다해 이 아이를 사랑으로 끌어안아야 한다는 것을. 거기엔 어떤 이유도 없으며, 어떤 억지스러움도 없다는 것을 말이다. 이 아이가 내 아이이고, 나는 이 아이를 세상에서 가장 사랑하는 '엄마'라는 존재이며, 그 관계 속에 어떤 다른 이유 따위는 필요하지 않음을 말이다. 그 말을 듣는 순간 가슴 가득 고여 있던 고통과 절망은 순식간에 미안함과 사랑으로 변했다.

마음이란 찰나의 순간 완전히 다른 성질이 될 수 있다. 내가 마음 안에 무엇을 담을지 결정하면, 그 결정에 따라 마음의 모양은 정해진다. 절망에 허우적댔던 마음에 아이에 대한 연민과 사랑이 가득 차오르자 절망과 고통스런 감정은 눈이 녹듯 마음 안에서 사라져버렸다. 모든 것이 순식간에 분명해졌다.

'다른 마음을 먹자. 절망이 아닌 다른 걸 선택하자.'

시간이 갈수록 마음이 점점 힘들어져갔던 이유는 내 눈이 언제나 아이를 쫓고 있어서였을지도 모른다. 온 신경을 아이에게 쏟는 것이 아이를 챙기는 것이라 여겼는데 오히려 아이를 따라 나 또한 동굴로 들어가는 결과만 가져다주었다는 것을 깨달았다.

그래서,

나는 아이를 두고 동굴에서 나오기로 했다.

'조금의 바람에도 쉽사리 흔들리지 않고 조금의 풍랑에도 요동치지 않으려면 내가 더 강해져야 한다. 언제까지고 꿋꿋이 아이를 기다리려면 내가 먼저 힘을 내야 한다. 그것이 아이를 돌아오게 하는 길이다.'

힘든 마음을 다른 누군가에게 기댈 때 그 누군가는 기대어 오는 이의 무게를 온전히 견딜 수 있어야 한다. 그것이 내면의 힘이건, 몸의 근육이건 말이다. 하나의 아픔을 온전히 지탱해낸다는 건 나의 에너지가 차 있어야 가능한 일이다. 고통을 받아들일 준비가 되어 있지 않다면, 고통은 나눈다고 작아지는 게 아니라 두 배가 되어 돌아온다. 어깨를 내어줄 때가 아니라면 잠시 거리를 두고 나를 먼저 살려야 한다.

2020년 8월의 어느 여름날, 그날의 새벽 공기를 나는 지금도 기억한다. 어둠이 채 가시지 않은 시각. 이른 시간인데도 울어대는 매미 소리 때문인지 잠이 깨버린 나는 왠지 다시 잠들기가 싫었다. 이불을 걷고 나와 욕실로 가서 세수를 하고 이를 닦은 후 평소 쓸 일이 없었던 모자를 서랍 깊숙한 곳에서 꺼냈다. 그리고 운동화를 신고 어두운 현관을 나섰다. 새벽 4시 반, 나는 새벽길을 걷기 시작했다.

한여름이라도 새벽이라 느낄 수 있는 시원한 바람, 눈이 맑아지는 초록들, 잠들어 있는 도시의 소음들을 대신하는 새들의 지저귐, 공기 가득한 자연의 에너지. 경이롭다는 생각이 들었다. 생전 처음 와보는 낯선 곳을 걷는 듯 모든 것에 새롭고 묘한 흥분이 느껴졌다. 여러 개의 목소리가 시끄럽게 떠들어대던 머릿속은 고요하고 평화로웠다. 꼬리에 꼬리를 물고 이어지던 걱정과 고민의 싹이 더 이상 자라나지 않았다. 애쓰지 않고도 차분해지는 마음, 평화란 이런 것일까? 그날 이후 나의 새벽 걷기는 계속되었다.

아이의 시간 위에 나의 시간을 포개어놓고 같이 견뎌야 한다고 생각했다. 그러나 아니었다. 나의 시간은 별개로 흘러야 했다. 아이가 멈추었다고 나도 멈추어서는 안 되었다. 내가 먼저 살아나야 아이를 살릴 수 있었다. 어두운 동굴 안에 갇혀 어디로 가야 빛을 만날 수 있는지 모르는 아이에게 내가 빛이 되어 방향을 가리켜줘야 했다. 동굴 앞에 서서 이리로 나오라고 이쪽이 길이라고 말이다.

동굴에 머무는 건 아이 하나면 된다. 아이 옆에서 같이 울고 있는 게 아이를 살리는 방법이 아니다. 아이를 살리려면 나 먼저 그 동굴에서 나와야 한다. 내 아이의 깊은 슬픔에 나도 같이 좌초되어서는 안 된다. 흔들리는 아이가 안타까워 그 배에 같이 승선하고 있어서는 안 된다. 나만이라도 단단히 닻을 내리고 거친 풍랑에 떠내려가지 않고 있어야 흔들리는 아이를 잡아줄 수 있다.

새벽을 내딛을 때마다 그 한 발 한 발에 살아나고 있는 나를 느낄 수 있었다. '더이상 나약해지지 않으리라, 더 이상 절망하지도 불안해하지도 않으리라. 이대로를 받아들이자. 내 아이는 꼭 동굴에서 나올 거라는 믿음 하나만 가지자.'

나는 빛 속에 있어야 한다.
내가 아이의 빛이 되어야 한다.

고통을 두고 어느 시인은 빛의 통로라 했고,
또 어느 학자는 생존의 존재 방식이며

진짜 자신을 일깨우는 연민의 마음이라고 했다.

고통을 던져준 우주는 인간에게 싸움을 걸어오는 것일까?

어디 한번 품어보리라 결심했다.

빛의 통로까지 끌어안고 가보기로 했다.

내 인생 절호의 기회로 만들어보기로 했다.

그 앞에 무너지지 않기로 했다.

선생님, 오늘도 결석합니다

'출석일수.'

아침마다 벌어지는 아이와의 등교 전쟁, 아니 아침만이 아니다. 학교가 끝나는 시간까지 등교를 위한 사투는 하루종일 이어지고는 했다. 단 한 시간이면 된다. 학교 운동장에 발만 들여놔도 된다. 학교에 조금이라도 머물기만 하면 된다.

아침 7시, 정상적인 등교 준비 시간. 아이 방문을 두드린다. 오전은 거의 매 시간마다 아이 방문 앞에서 시간 체크를 한다. 1차 목표는 정상적인 등교 시간에 맞추어 등교를 하는 것. 그러나 이때 등교는 어디까지나 희망일 뿐 크게 기대하지는 않는다. 2차 목표는 반 아이들이 교실을 떠난 점심시간.

아이의 기척이 있다면 우선 희망을 가져본다. 오전 등교에 실패했다면 오후 등교에 다시 희망을 걸어본다. 적어도 2시 전에만 아이가 일어나준다면 등교 가능성은 여전히 남아 있다. 그러나 2시가 넘어가면 그때는 포기를 해야 한다. 끝나는 시간에 맞춰가는 것은 눈치가 보인다며 아이가 또 꺼려하기 때문이다.

간혹 밤을 샌 날, 아침 일찍 등교 준비를 하는 날이 있다. 씻고 옷까지 입고, 간단히 아침 식사까지 마치는, 정말 1년에 몇 번 없는 횡재 같은 날. 그러나 현관문을 나서기 전까지는 모르는 일이다. 분명 준비를 다 마쳤는데 조용해서 가보면 어느새 방문이 굳게 닫혀 있다. 불러도 대답이 없다. 다시 잠이 든 것이다.

중학교 졸업을 위해서는 최소한의 출석일을 맞춰야만 했다. 그러기 위해서는 1년에 보통 64일 정도의 결석일이 마지노선이 되는데 가정학습, 체험학습, 끌어다 쓸 수 있는 것은 모조리 끌어다 쓰고도 출석일을 맞추는 것은 언제나 어려운 일이었다.

남들 보기에는 아이의 등교 거부가 회피처럼 보일지 모르겠다. 조금만 의지를 가지고 노력하면 되는 건데, 갈 수 있으면서 일부러 그러는 것이라고 말이다. 아이가 등교를 무작정

회피한 것은 아니다. 중학교 졸업은 아이도 원하는 것이었고 학교는 가야 하는 곳이라고 생각하고 있었다. 마음은 애쓰고 있으나 의지만 가지고서는 안 되는 일이 있다. 학교란 가고 안 가고의 문제가 아니라 그냥 가는 것이라고 말하기엔 아이가 가진 두려움의 뿌리는 너무나 깊었다.

교실에서 아이가 겪는 어려움은 호흡 곤란과 진공 상태에 놓인 것 같은 멍한 증상이었다. 아무 소리도 들리지 않고 아무것도 보이지 않는 상태에서 버티기 위해 아이는 정신과 약에 한동안 의지를 해야만 했다. 약을 먹고 가야 그나마 잠이라도 자며 교실에서 버틸 수가 있었던 것이다. 어렵더라도 교실에서 버티기라도 하려면 우선 등교를 해야 하는데 몸을 일으킬 에너지 자체가 아이에게는 턱없이 부족했다.

아이의 등교 거부를 대하는 데 있어 나는 예전 같은 강압적인 자세는 더 이상 취하지 않았다. 힘과 강요로 해결될 문제가 아니라는 걸 진정으로 이해하고 마음으로 받아들였기 때문이다. 힘을 내지 못하는 아이의 마음에 다시 힘이 생기고 그 힘으로 걸어 나올 때까지 나는 기다리는 것만이 내가 할 수 있는 유일한 방법이었다.

그러나 기대마저 사라진 것은 아니었다.

'오늘은 갈지도 몰라.'

매일 아침 아이의 방문을 두드릴 때면 어김없는 기대와 희망이 찾아왔다. 기척이 있다면 희망은 더욱 커진다. 매일 속아도 또 속을 수밖에 없는 희망을 담보로 하는 시간들. 아무렇지 않다고 말할 수 없는 마음이었지만 아무렇지 않아지기를 기대하며 그날그날의 기대는 계속되었다.

중학교 졸업조차 하지 않게 되면 아이가 더 깊숙한 동굴로 들어가게 되는 건 아닐까? 등교는 졸업을 위해서도 중요했지만 아이가 더 깊은 동굴로 들어가는 것을 막는 최선의 방법이기도 했다. '학교'라는 끈까지 놓게 되면 모든 외부와의 끈이 사실상 사라지게 된다. 외부로 연결된 통로가 하나쯤은 분명히 있어야 한다고 생각했다. 아이를 깨우고 달래는 일상이 고달파도 절대로 놓아서는 안 되는 끈이 등교였다.

아이가 등교를 무턱대고 거부하지 않는다는 것은 자신을 놓지 않겠다는 최소한의 의지 표현이라고 생각했다. 그 의지의 불씨가 꺼지지 않도록 나는 계속 풀무질을 해야만 했다. 그러므로 억지스럽지 않으면서도 아이에게 덜 고통이 되는 방법을 찾아 계속 아이를 깨웠다. 어쩌면 허튼 기대일 수도 있지만 무엇이든 아이를 움직일 수 있는 것이라면 고통스럽더라도 시도는 계속해야 한다고 생각했다.

하지만 아이의 마음이 치유되지 않은 상태에서 아무리 잡아주고 일으켜 세워준다고 아이가 힘을 내는 것은 아니었다. 결국 일어서는 힘은 아이의 두 다리에서 나오기 때문이었다. 어느 순간 나는 깨달았다. 더 기다려줘야 한다는 것을 말이다.

'의지'라는 단어가 내포하고 있었던 건 어쩌면 내가 가진 욕구의 포장지였을지 모른다. 솔직한 내 마음은 '다른 아이들처럼' 학교에 가는 멀쩡한 아이가 내 아이였으면 싶고, 공부도 잘 하고, 운동도 하고, 친구들과 어울려 노는 그런 아이의 모습을 보고 싶은 것이었을지도 모른다. 남들 보기에 떳떳하다는 것, 거기에서 아직 놓여나지 못하고 눈치를 살피는 나의 찌질함에 치를 떨면서도, 그래도 마음껏 기대하고 싶고 욕심내고 싶은 그 마음이 죄가 아니라고 생각하고 싶었는지도 모른다.

'언젠가는 아이가 학교를 놓아버리는 선택을 할 수도 있다. 만약 그렇게 된다면 아이는 자기의 자리를 찾기 위해 생각보다 훨씬 더 먼 길을 돌아가야 할지도 모른다. 그 시간을 견뎌내야 할 아이의 고통을 내가 같이 지켜낼 수 있을까? 장담할

수는 없지만 먼 길이라도 언젠가 아이가 깨어나 걷기만 한다면 그것으로 된 게 아닐까.'

나는 온종일 아이와 벌여왔던 소리 없는 전쟁을 평화협정으로 마무리했다. 등교 전쟁의 종료를 선포하고 난 마음에는 고요와 평화가 찾아왔다. 등교를 내려놓은 마음은 허탈함이나 미련이 아니었다. 체념이나 포기도 아니었다. 안간힘을 다해 붙잡고 있던 마음은 오히려 힘을 뺌으로써 자유를 얻었다. 진정 '괜찮다'가 되었다.

"선생님, 아이가 아직 일어나지를 못했습니다. 일어나는 대로 오늘은 꼭 갈 수 있게 하겠습니다. 죄송합니다."

"선생님, 아이가 아직도 일어나지를 못하네요. 오후에라도 꼭 보내도록 하겠습니다. 죄송합니다."

"선생님, 오늘은 등교가 어려울 것 같습니다. 내일은 갈 수 있도록 하겠습니다. 죄송합니다."

항상 죄송함이고 전전긍긍이던 선생님과의 통화, 언제나

선생님 앞에 죄인이었던 나는 더 이상 '죄송합니다'를 쓰지 않았다.

"선생님, 아이가 등교를 하기에 시간이 필요한 듯합니다. 누구보다도 아이 자신이 편안한 마음으로 등교하기를 원하고 있다고 저는 생각합니다. 하지만 억지로 되는 일이 아니라서요. 지금은 아이가 스스로 나올 때까지 기다리는 게 최선이라고 생각합니다. 아이의 준비 시간이 어서 끝나기를 바라면서 아이가 힘내어주기를 간절한 마음으로 기도할 뿐입니다. 아이가 일어나주지 못하면 오늘도 결석하도록 하겠습니다."

엄마 마음은 그렇지 않잖아

“엄마 마음은 그렇지 않잖아. 왜 괜찮은 척하는데요. 이게 어떻게 괜찮을 수 있어. 거짓말하지 마요.”

차가운 말투 속에 묻어나는 절망감이 마음을 아프게 했다. 화가 나도 화난다는 말 한마디도 내비치지 않던 아이인데 이렇게 속내를 드러내주니 한편 감사하다는 마음도 들었다. ‘엄마는 널 기다리는 시간을 고통이 아니라 마음이 자라고 더욱 성숙해지는 시간으로 쓰고 있어. 언제 끝날지는 모르지만 그 끝을 바라기보다 그냥 겸허히 받아들이고 있단다. 엄마는 다 괜찮아. 그냥 너만 괜찮아지면 돼.’ 나는 진실인데 아이는 위선이라고 했다. 과연 그런 걸까. 나는 진정 괜찮은 걸까.

과거의 기억들은 트라우마로 남아 계속해서 아이의 앞을 가로막아 섰다. 범사회불안장애는 예상 밖의 상황에서도 아이를 두려움에 놓이게 했다. 아이에게 학교는 정글과 같은 곳이었다. 그 또래 남자 아이들이라면 으레 입에 담는 거친 말이나 행동도 아이에게는 공포였다. 조금 맘 편히 등교가 되나 싶다가도 반복적으로 건드려지는 트라우마로 인해 다시 방에 자신을 가두었다.

거듭된 좌절을 겪는 아이를 보며 놓아버리면 다 잃어버릴지 몰라 움켜쥐고 있던 것들, 그러니까 학교, 공부 따위는 더 이상 중요한 것이 아니게 되었다. 그러나 내 마음이 바뀌었음에도 방문 너머 그곳은 아이가 허락하지 않는 세상이었다. 그 세계로의 진입은 여전히 원천봉쇄 중이었다. 며칠이 지나도 기척이 없는 방, 아이의 숨소리를 따라잡고자 나의 귀는 더욱 바짝 문 앞에 머물러 있곤 했다. 분명히 문 너머 아이는 존재하지만 마치 없는 것 같은 느낌. 훌훌 어디론가 사라져버린 것은 아닌가 착각이 들 정도로 아이의 흔적은 집 안에 없었다. 그러나 아이는 있었다. 현관 앞에 놓여 있는 아이의 신발이 그것을 증명해주고 있었다.

기척 없는 아이의 방 앞을 수없이 오가며 나는 알았다.

살아 있다는 것만으로 고마워해야 한다.

존재한다는 것만으로 감사해야 한다.

자기 자신을 있는 그대로 바라봐주지 않는 세상에 대한 거친 분노와 원망, 그건 기대였을 것이다. '엄마, 나를 있는 그대로 바라봐주세요'라는 진심의 표현이었을 것이다. 하지만 그 원망과 분노의 외침마저 멈추어버리고 아이는 등 돌려 반대 방향을 향해 멀리 달아나버렸다. 아이가 신호를 보낼 때 조금만 더 일찍 알아챘다면 얼마나 좋았을까? 그러나 과거는 돌아오지 않는다.

아이와 접점을 만드는 게 무엇보다도 시급했다. 우선 대화가 돼야 무슨 말이라도 할 텐데 아이는 단단히 문을 걸어 잠그고 일체의 틈을 내주지 않았다. 내가 가장 먼저 해결해야 할 과제, 그것은 '관계' 회복이었다. 그렇다면 내 마음이 흘러가야 할 방향은 어느 쪽일까.

모든 일상생활이 무너지고 식사도 제대로 하지 않는 아이를 보며 나는 깨달았다. 아이를 온전히 받아들여야 한다. 미래에 대한 암담한 생각 따위는 마음에서 깨끗이 밀어버리고 그 자리를 사랑만으로 채워야 한다. 정답지는 이미 내 손에 들려 있었다. 남은 건 풀이과정이었다.

나의 진심이 아이에게 닿을 수 있는 방법은 무엇일까? 내 마음이 이제 아이, '너' 존재만을 바라보고 있다는 사실을 어떻게 전해야 할까?

'기다림은 당연한 것이고 나는 그것을 기꺼이 받아들인다.'

무너진 관계를 회복하는 데에 지름길이란 없었다. 멀리 왔기에 빨리 돌아가고픈 마음을 다독이며 그냥 지금 이대로의 현실을 인정하고 기다려야 할 것은 기꺼이 기다려야만 했다. 언제 끝날지 모르는 기다림의 시간에 마음이 조급해지면 현실은 순식간에 악몽으로 뒤덮여버렸다. 마음이 흐트러지고 눈 뜬 채 가위에 눌려 숨 쉬기가 힘들었다. 그 마음에 나를 내어주어서는 안 됐다.

나는 아이로 향했던 모든 관심의 스위치를 과감히 내리기로 결정했다. 기다림의 끝을 바라보는 대신 하루하루 허락된 시간을 새로운 에너지로 채워나가는 데 쓰기로 했다. 나는 외부로 향해 있던 시선을 내부로 돌려 치유되지 않고 남아 있던 내 안의 상처부터 돌보기 시작했다.

애써 긍정으로 위장했던 억지스러운 마음에 힘을 빼고 내

앞의 현실을 그 자체로 받아들였다. 긍정이든 부정이든 오면 오는 대로 가면 가는 대로 붙들지도 않고 몰아내지도 않고 그냥 그대로 수용하였다. 점차 아이를 향했던 집착의 끈이 끊어져나가고 모든 것이 자연스러워져갔다.

어제와 변함없는 오늘임에도 불구하고 어제와 모든 것이 다른 '오늘'이 되어갔다. 현실은 변함없지만 마음의 변화는 가속도를 붙여가며 쭉쭉 뻗어나갔다. 불안과 걱정이 물러난 자리에는 오로지 아이만을 향한 강한 믿음이 자리를 차지해나가기 시작했다.

한번 무너진 관계는 들어올리기에 버거운 큰 바위와도 같았다. 아이와 나의 마음이 합을 이루지 않는 이상 그 바위를 들어올린다는 건 역부족이었다. 아이의 모든 생활이 완전히 멈추어버린 건 아이가 지쳤다는 의미도 되지만 엄마인 나에 대한 불신을 온몸으로 전하려는 마음의 작용이기도 했다. 엄마마저 더는 믿을 수 없게 된 아이는 외부 세계를 철저히 끊어내고 자기만의 동굴에서 긴 동면에 들어가는 것밖에는 답이 없었을지도 모른다. 한때의 나의 어리석음은 아이의 외로움의 덩치를 키우고 더 깊은 어둠 속으로 내모는 결과를 만들었던 것이다.

아이라는 다이아몬드는 그 자체로 빛나는 보석인데, 존재 자체로 완전하고 더는 바랄 게 없는 것인데, 걱정, 불안, 두려움은 다이아몬드에 군더더기들을 붙이고 포장지로 감싸려 들었다.

나는 현실을 직면했다. 아프다는 아이의 비명을 무시하고 학교, 공부만을 닥달한 결과가 어떤 것인지 말이다. 부모가 존재 자체로 봐주지 않으면 아이도 그런 자신에게 점점 믿음을 잃어간다. 자기 자신이 다이아몬드라는 것을 믿지 못하고 군더더기들에 집착하게 된다. 애써 노력하지 않아도 이미 빛이고 보석인 자신에게 만족하지 못하고 사랑하지 않게 된다.

그러나 진짜 진심은 통하는 것일까. 아이는 서서히 내 마음을 알아봐주기 시작했다. 수없이 닫힌 마음의 문들 사이에 아이는 엄마인 나에게 문 하나를 딸깍 열어주었다. 더 자주 방문이 열리기 시작했고, 더 자주 가족과 식사를 하기 시작했다. 동이 트기 전 세상은 가장 짙은 어둠 속에 놓인다. 엄마의 진심에 응답한 아이는 이제 어둠의 그 길 끝에 다다라 있었다.

엄마도 처음에는 네가 할 수 있는데 일부러 안 하는 것이라고 생각했어.

하지만 이제는 알아. 네가 안 하는 것이 아니라, 하고 싶은데 못 하는 것이라는 걸 말야.

너무나도 겁나고 두려운 네 마음이 이젠 엄마 눈에도 보여.

노력하고 싶은데 잘하고 싶은데 용기를 내기에는 너무나 두려운 네 마음을 말야.

괜찮아, 아이야. 천천히 나와도 돼.

네 마음에 용기가 찾아들고 세상 밖으로 걸어나올 마음이 생길 때까지 엄마는 언제까지고 널 기다리고 있을 거야.

그러니 아이야, 이것만 약속해주겠니?

혼자라고 생각하지 않기.

너에게는 누구보다도 너를 사랑하는 가족이 있다라는 걸 믿어주기.

지금은 너 자신의 빛을 보지 못하고 있지만 너는 언제나 빛나고 있었다는 걸 알아주기.

그 빛은 여기에서 엄마가 항상 보고 있을게.

너는 충분히 쉬다가 준비가 되었으면 그때 말하렴.

여기에 서서 등불을 들고 기다릴 테니까.

그 빛을 따라 걸어오렴.

아이도 평범한 일상을 꿈꾸고 있었다

결코 오지 않으리라 생각했던 아이의 중학교 졸업이 다가왔다. 아이러니하게도 코로나가 아니었다면 아이는 졸업을 하지 못하고 유예가 되었을 것이다. 등교가 가장 힘들 무렵 코로나가 터졌고 온라인 수업으로 전환되면서 늘 전전긍긍하던 출석을 인정받을 수 있었다.

중학교 졸업은 할 수 있게 되었지만 또다른 고민으로 내 마음은 복잡하기만 했다. 여기서 학업을 멈출 것인지, 아니면 고등학교 진학을 할 것인지 결정을 해야 했다. 또 한 번의 끝, 그리고 시작. 그것이 아이의 인생에 어떤 유의미한 결과를 가져다주게 될까. 나는 '아이가 다시 한번 용기를 내어 고등학교 진학을 해준다면 얼마나 좋을까'라는 마음도 드는 한편, '그토록 아이를 힘들게 하는 등교를 더이상 안 해도 되는 선택을 하는 게 맞지 않을까'라는 두 가지 생각을 오가며 어떤 것도 결정을 내리지 못하고 있었다.

새로운 환경에서 새롭게 일어나는 아이를 상상해보았다. 아침마다 헐레벌떡 일어나 등교를 준비하는 아이, 밥을 안 먹고 등교하려는 아이와 한 술이라도 먹여 보내려는 엄마의 실랑이, 버스 시간에 맞춰 서둘러 나가는 아이. 학원에 갔다가 늦은 시간 귀가하는 아이를 위해 간식을 준비하는 나. 그저 상상일 뿐인데도 기분이 참 좋았다. 하지만 그건 어디까지나 상상일 뿐, 현실은 어느 방향으로 흘러갈지 알 수 없는 것이었다.

고등학교 원서를 써야 하는 시기가 다가오고 있음에도 아이는 어떤 반응도 보이지 않은 채 잠만 자고 있었다. 정말 궁금했다. 정말 자신의 삶이 어디로 흘러가든 상관 없단 말인가? 만약 그렇다면….

그건 슬픈 일이다.

'진학을 포기한다고 하면 그 뒤는 어떻게 해야 할까. 어디에도 속하지 않은 자신을 아이는 견뎌낼 수 있을까?'

그러나 한편으로는 또 다시 새로운 환경에서 힘들어할 아이가 보였다. 아이의 묵묵부답은 용기를 내기엔 아직은 역부족인 자신을 인정해가는 쓰라린 고통의 시간인지도 모른다. 그렇다면 엄마로서 내가 해줄 수 있는 것, 그건 무엇일까?

"어머니도 아시다시피 인문계 진학은 힘이 들 것 같습니다. 시험을 제대로 보지 않았기 때문에 성적이랄 게 없어요."

"네. 저도 그 부분은 마음을 비우고 있습니다. 아직은 아이가 무슨 생각을 하고 있는지 모르겠어요. 특성화고 진학에 도전할지, 아예 안 할지요. 대안학교도 염두에 두고는 있는데…. 무엇이 되었든 아이의 결정에 따르겠습니다."

그랬다. 결정권은 아이에게 있는 것이었다. 어떤 결정이든 아이가 동굴에서 나오는 데 도움이 되는 것이라면 나는 무조건 찬성할 거라고 생각을 정리했다.

"자퇴하자."

"…."

"될지 안 될지도 모르지만 우선 지원해보고 가게 된다면 말야. 가봤는데 여전히 몸도 마음도 아프면 그때는 자퇴하자."

자퇴 이야기를 먼저 꺼낸 건 나였다. 결정을 내리지 못하고 있는 아이에게 조금이나마 생각의 여지를 주기 위함이었다. 그리고 그건 나의 진심이기도 했다. 학교는 필수가 아니라 아이 인생의 선택지일 뿐이다. 그래도 학창 시절에 대한 경험을 아이도 맛보아야 한다고 생각했다. 나중에 후회가 남지 않도록 말이다.

모든 건 아이의 선택에 달려 있었다. 아이의 의지 없이는 그 무엇도 이루어지지 않는다는 것을 알기에 마음을 비운 채 아이의 결정만을 기다렸다. 혹시라도 생겨날 체념이나 포기를 다스리는 건 내가 해결할 몫이었다. 내가 해야 할 것은 그저 아이를 향해 아낌없는 지지를 보내는 것뿐.

전기고 입학원서 접수일이 다가오던 어느 날, 아이가 드디어 입을 열었다.

"엄마, 나도 한 번쯤은 제대로 된 학창 시절을 가져보고 싶어요."

아이의 대답은 그게 다였다. 그동안 제대로 친구 한 명 없이 보냈던 아이의 시간들이 스쳐 지나갔다.

'얼마나 외로웠을까? 얼마나 쓸쓸했을까?'

어느 순간 엄마인 나조차도 무뎌져 생각하지 않고 있던 사실. 친구를 사귀고 싶다는 말을 한 번도 한 적이 없어서 괜찮은 줄 알았다. 자꾸 상처받을 바에야 그냥 차단하고 사는 게 낫다고 판단한 줄로만 알았다. 힘들더라도 부딪쳐야 하는데, 아이가 힘들다면 강요할 수 없는 부분이라 포기하고 있었는데 아이 마음속에 그런 갈망이 있었다니.

친구들과 웃고 떠드는 지극히 평범한 일상을 아이가 꿈꾸고 있었다는 것에 나는 안도했다.

아이는 고등학교 진학을 원했다. 포기할 줄로만 알았는데 의외의 반응이 반가우면서도 놀라울 뿐이었다. 자신을 사랑하지 않는 아이의 모습이 가장 안타까웠는데 또 한 번의 기회를 자기에게 주려는 모습은 말 그대로 희망이었다. 입학을 하고 안 하고를 떠나 그런 마음을 가져준 아이가 한없이 고마웠다.

그리고,

불가능할 것으로만 보였던 고등학교 진학에 성공했다.

아들아, 자퇴를 축하해

"○○아, 일어날 시간이야. 지금 일어나야 지각 안 해."

고등학생이 되고 심리적 안정을 찾은 아이는 약 없이도 등교를 할 수 있게 되었다. 숨을 쉴 수도 없고, 아무것도 볼 수도 없었던 지난 시간을 생각한다면 너무나 다행스럽고 감사한 일이었다.

앞이 보이고 숨이 쉬어지자 아이의 눈에 현실이 들어오기 시작했다. 친구, 선생님, 세상의 속도대로 살아가는 사람들을 보며 아이가 느낀 것은 무엇이었을까? 일종의 조급함이 몰려온 듯 아이는 한동안 안절부절못하더니 다시 방으로 숨어들으려 했다. 들쭉날쭉한 등교 패턴이 이어졌다. 또다시 은둔이 시작되는 것인가? 학교는 언제든지 그만둘 수 있다고 마음의 준비는 늘 해두고 있었다. 그러나 은둔만은 안 된다. 제발, 다시 동굴로만은 아이가 돌아가지 않기를 나는 간절히 바랐다.

1학기 기말고사 기간이 다가왔다. 중간고사도 일체 공부하지 않고 날려버렸던 아이라 공부를 할 거라는 기대 같은 것은 애당초 없었다.

그런데 아이가 공부를 하기 시작했다. 동굴과 일상을 넘나들던 잠깐의 시간은 깊은 숙고의 시간이었던 걸까? 어떤 결론에 아이는 도달한 것일까? 분명한 건 아이가 한번 해보자 결심을 했다는 것이었다. 엄청난 도전 앞에 자기를 세울 용기를 냈다는 것이었다.

초등학교 3학년 이후 공부라는 걸 해본 적이 없는 아이였다. 베이스가 제로인 상태에서 아이가 선택한 방법은 무식하게 교과서를 통으로 외우고 이해가 될 때까지 인터넷 강의를 무한 반복해서 보는 것이었다. 10시간 이상 잠을 자던 아이였는데 눈에 띄게 깨어 있는 시간이 늘어났다. 잠긴 방문 너머 아이가 얼마만큼 노력을 쏟고 있는지 눈으로 볼 수는 없지만 보지 않더라도 모든 게 보이는 듯했다.

그때 알았다. 아이도 사실은 빛나고 싶어 한다는 것을 말이다. 다시는 나약해지고 싶지 않고 세상 속에서 당당하게 살아가고 싶어 한다는 것을 말이다. 사람은 저마다의 빛을 가지고 세상 속에서 반짝반짝 빛나고 싶어 한다. 아이의 잠들어 있던 그 본능이 드디어 깨어나고 있었다.

1학년 기말고사, 아이는 놀라운 성적을 거두었다. 지금까지 한 번도 아이의 성적표를 본 적이 없었는데 처음으로 아이의 성적표를 볼 수 있었다. 시험을 통해 아이가 얻은 것은 점수가 아닌 '나도 할 수 있구나'라는 자신감이었다. 가능성에 눈을 뜬 아이는 자신의 인생에 대해 진지하게 생각을 하기 시작한 듯했다.

긴 고민 끝에 아이는 자퇴를 했다. 여전히 방에 머무는 시간이 대부분이지만 그렇다고 예전과 같이 세상과 단절된 삶을 살고 있는 것은 아니다. 자퇴는 아이가 나름의 계획을 가지고 고심 끝에 내린 결정이었다. 학교로 돌아간 아이는 자기 앞에 놓인 삶에 대해 깊은 고민에 빠졌다. 그 고민의 바탕은 아마 그동안 방치해놨던 자신의 삶에 대한 무거운 책임감이 아니었을까 생각한다. 학교 시스템 안에서 지난 시간을 복구해나가기에는 아무래도 무리가 있었다.

학교 밖 청소년이 된 아이는 홀로 공부를 하기 시작했다.

초등학교 3학년 이후로 손놓았던 공부에 손을 대는 대수술이었다. 중등도 아니고 초등과정까지, 구멍이 있는 곳으로 다시 내려가 하나하나 그 구멍을 메우며 올라왔다. 그리고 1년 반, 아이는 자기 학년에 맞는 수준까지 학습력을 끌어올렸다.

아이에게는 친구도 생겼다. 합이 잘 맞는 이 아이들은 만나면 몇 시간 수다가 기본이었다. 그 친구들과 일본 여행도 갔다 왔다. 아이는 자신이 무엇을 하고 싶은지 생각하고 하나씩 미래를 위해 구체적인 계획들을 실행해나가고 있다. 검정고시 점수도 잘 챙겼고, 얼마 전까지만 해도 안 갈 것처럼 하더니 대입 수시 원서를 접수했다.

시간이 지난 만큼 아이는 자라고 있었다. 몸만 큰 게 아니라 마음도 자라고 있었다. 쉽게 두려움에 휩싸이고 나약하게 뒷걸음질치던 마음은 그럼에도 용기를 내보자는 마음으로 어느덧 기울고 있었다.

어쩌면 바닥을 찍었기에 더는 포기할 게 없다는 마음이 들었을지도 모른다. 정말 끝까지 내려가봤으니 여기서 더 나빠질 것은 없다고 여겼는지도 모른다. 그것이 무엇이든 간에 운명 앞에 자기를 세울 용기를 냈다는 것이 중요했다.

아이는 더이상 난관 앞에 어쩔 줄 몰라 울고만 있던 열 살짜리 꼬마가 아니었다. 높다란 허들을 앞에 두고 넘을 엄두를 내지 못한 채 주저앉아버리던 그때의 꼬마는 이제 없다. 지난 8년의 시간은 없었으면 좋았을 시간인 것은 맞다. 하지만 나는 믿는다. 그 시간이 아이가 앞으로의 삶을 살아가는 데 의미 있는 보탬이 될 것이라는 걸 말이다.

꼭 상처가 다 아물어야 고통이 사라지는 것은 아니다. 지난날 아이가 받았던 상처들은 여전히 아이 마음속에 흉터가 되어 남아 있다. 그러나 아이는 더이상 그 상처들을 곱씹지 않는다. 그보다는 더 좋은 기억들로 지난날 상처의 시간들을 덮어나가고 있다.

영원히 끝날 것 같지 않았던 기나긴 고통의 터널, 그 끝에 지금 나는 서 있다. 아이가 동굴 밖으로만 나오면 완전 다른 세상이 펼쳐질 것이라 여겼는데, 세상은 그 사이 무슨 일이 있었냐는 듯 너무나도 여전한 모습을 하고 있다.

불행을 알기에 행복을 느낄 수 있다. 지금 아이와 나는 별거 아닌 것에서도 행복을 감지하는 중이다.

3장

세상 밖에 다다르기 위해 필요한 것들

미안해, 정말 미안해

아이가 오랜 시간 은둔형 외톨이로 지낸 이유를 한마디로 정의하기는 힘들다. 무엇이 잘못되었다, 문제였다, 미흡했다 따지고 들자면 한도 끝도 없을지 모른다. 그 안에는 어릴 적 아이 마음을 제대로 헤아리지 못한 나의 부족함도 있을 것이며, 상처를 극복하지 못한 아이의 나약함도 있을 것이다.

두려움에 숨조차 쉬지 못하는 아이에게 내가 해주었어야 했던 것, 그것은 '위로', 그리고 '공감'이었다. 그러나 나는 처음에 '학교라는 신'에 붙들려 그것을 제대로 해주지 못했다. 오히려 그토록 두려워하는 공간으로 아이를 밀어 넣으려 했다. 상처로 힘들어하는 아이에게 또 다른 상처를 입힌 건 바로 나였다.

아이가 학교를 안 갈 수도 있다는 사실은 부모의 마음에 두려움을 만든다. 나도 그랬다. 등교를 안 하면 안 하는 대로, 등교를 하면 또 내일의 등교 걱정으로, 머릿속은 오로지 '등교'에 대한 생각으로 가득 차 있었다.

걱정은 불안이 되고 불안은 두려움이 되었다. 두려움이 커지다 보면 생각과 감정이 한데 뒤엉켜 문제의 본질을 흐리고 상황을 객관적으로 보기 힘들어진다. 충분히 감싸줘야지 했던 아이의 상처는 어느새 뒷전으로 물러나버리고 등교를 하지 않는 아이에 대한 분노만이 남는다. 아이의 아픔은 아픔인 것이고 등교를 하지 않으려는 건 또 다른 문제라고 여겼다.

"그래도 등교는 해야 하지 않겠니?"

어떤 대화이건 간에 그 끝은 언제나 등교로 마무리되어버렸다.

다른 생각 회로들은 모두 가지치기되고 '학교는 꼭 가야 하는 곳'이라는 생각만이 유일하게 남았다. 학교를 내려놓지 못하는 나의 마음은 아이를 계속 몰아붙였고 그 과정은 결국 아이에게 또 다른 상처가 되었다. 엄마에게 치유받아야 했던 아이는 도리어 엄마에게 2차 가해를 당했던 것이다.

'언제까지 아파만 하고 있을 거야. 잊을 건 잊어야지. 계속

그래봤자 너만 손해야. 다 잊을 수 있어. 그러니 노력해봐.'

나는 몰랐다. 내 말 한마디가 아슬아슬하게 버티고 서 있는 아이에게 얼마나 큰 무력감을 주고 있었는지 말이다. 다 이해하고 있다는 엄마의 말은 결국 위선일 뿐, 진정으로 자신을 걱정하고 있는 게 아니라고 아이는 생각했을 것이다.

'엄마는 내가 학교만 가면 되는구나. 내 고통은 아무래도 상관이 없구나.'

그 이후, 아이는 방문도, 마음의 문도, 모든 걸 닫아 걸었다.

다 잃은 뒤에야 비로소 진실만이 남았다.

'아, 아이 마음이 이러했겠구나.'

낭떠러지로 한 발 한 발 떠밀려가고 있던 아이의 외롭고도 무서웠을 마음이 그제야 보이기 시작했다. 아이가 느꼈을 고통이 고스란히 느껴지는 듯했다. 미안한 마음을 다 담기에 역부족인 가슴이 빠근히 저려왔다. 울음조차 내어놓을 수 없을 정도로 너무나도 미안했다.

내 눈에 모든 것이 선명하게 들어왔을 때는 이미 아이는 너무 멀리 가버린 이후였다. 건너가기에 너무나도 벌어져버린 마음의 간격. 그것을 좁힐 방법은 그저 사과를 하는 것밖에 없었다.

네가 얼마나 힘든지 제대로 바라봐주지 못해서 미안해.

그때 너의 신호를 알아차려주지 못해서 미안해.

네가 상처 입었음을 알고도 더 적극적으로 나서서 같이 싸우고 화내주지 못해서 미안해.

너의 상처가 시간이 지나면 괜찮아질 거라고 엄마 마음대로 생각해서 미안해.

너무 아파서 지르는 비명을 엄마를 비난하는 것이라고만 오해해서 미안해.

일어설 힘조차 없는 너에게, 숨조차 쉬기 힘든 너에게, 그래도 학교에 가라고 떠밀어서 미안해.

남들과 똑같이 하지 못한다고 비난해서 미안해.

일부러 학교에 안 가는 거라고 오해해서 미안해.

너무나도 힘들어서 학교에 못 가는 건데 그 마음 외면해서 미안해.

그때 제대로 사과하지 못해서 미안해.

엄마가 더 일찍 안아주지 못해서 미안해.

혼자 둬서 미안해.

미안해.

미안해, 아들.

'미안해.'

내가 보는 것, 느끼는 것, 그 모든 것 안에서 나는 미안해했다. 아이가 세상을 등지고 있느라 누리지 못하는 그 모든 것을 놓고 사과하고 또 했다. 길을 걸으면서도, 지인과의 식사 자리에서도, 좋은 것들과 예쁜 것들 안에서 끊임없이 나는 사과를 했다.

누구는 말한다. 부모가 뭘 그렇게 잘못했냐고. 엄마만의 잘못은 아니지 않냐고. 억울하지 않냐고. 아니다. 나는 아이를 지키지 못했다. 내 마음대로 아이를 휘두르려 했고, 내 이상에 맞게 아이를 디자인하려고 했다. 그리고 내 맘처럼 안 되는 아이에게 불같이 화를 냈다. 온갖 감정을 쏟아부어가며 아이를 비난했다. 그냥 내 아이 자체를 바라봐주지 못했다.

진짜 두려워해야 할 것은 언 가지 끝에 끝끝내 새순이 돋아나지 않는 것이었다. 긴긴 겨울에서 멈추어버린 채 결코 봄을 그릴 수 없게 되는 것이었다.

앞으로 향하는 모든 것에는 용기가 필요했다. 과거에 묶인 채 앞으로 나아가지 못하고 있는 아이를 위해서라면 부모라 하더라도 사과라는 용기를 기꺼이 꺼내야 했다.

세상에 단 한 명만 있으면 된다고 했다. 나의 상처를 외면하지 않고 같이 바라봐주고 같이 아파해주는 이가 단 한 명만 있다면 그 마음은 치유가 된다고 했다. 내가 아이의 마음을 두드릴 때, 아이가 한두 번에 응답하지 않는 건 당연하다. 지치지 말고, 자책하지 말고, 천천히, 그러나 계속 이어나간다면 분명히 아이가 답을 하는 날이 올 것이었다. 물러서지 않고 용기 앞에 나를 세운다면 삶은 그다음 걸음을 위한 답을 분명히 줄 것이었다.

어느 날 아이가 말했다.

"엄마, 이제 그만해도 괜찮아요."

그날 이후 아이는 분노를 멈추었다. 닫혔던 입이 열리고 자신도 알 수 없는 마음을 꺼내어 떠듬떠듬 설명하기 시작했다.

늘 나를 등지고만 있던 아이. 그 아이가 내 옆으로 와주었다. 그리고 우리는 앞을 향해 걸어가기 시작했다.

닫힌 마음을 여는 열쇠

분명히 등교를 한다고 했던 아이가 다시 침대로 들어가버린다. 샤워까지 마치고 교복까지 입었는데 왜 다시 드러누워버리는 것일까. 시간이 조금 지난 건 맞다. 하지만 학교는 5분이면 도착하는 거리에 있다. 지금이라도 달려가면 될 텐데. 왜, 왜 다시 등교를 포기하는 것인지….

도저히 이해할 수가 없다. 애당초 등교할 마음이 없었다고밖에는 생각할 수 없다. 매번 같은 패턴의 반복이다. 점점 아이의 말을 믿기가 힘들어진다. 진짜 힘든 게 맞는 것일까. 아무리 생각해도 나를 약올리는 것만 같다. 지난날의 상처에 보복이라도 하는 게 아닐까.

연이어 아이의 방문을 두드리고 나는 등교를 재촉한다. 온갖 방법을 동원하여 아이를 구슬려보지만 아이는 묵묵부답이다. 괘씸하고 화가 치밀어 오른다. 심장이 방망이질을 치며 어떻게든 화를 터뜨리고 싶어진다. 하지만 참아야 한다.

아이와의 계속되는 등교 전쟁 속에 하루에도 수십 번 마음이 흔들렸다. 의심하지 않기로 했던 마음에는 아이를 향한 물음표가 끊임없이 생겨났다. 아니다. 마음을 다잡아야 한다. 의심으로 나를 흔들지 말자. 믿자. 믿고 또 믿자. 다시 예전으로 돌아가면 안 된다.

아이는 내 마음이 흔들리는 걸 귀신같이 알아차렸다. 마치 '것 봐. 역시 엄마는 날 안 믿는다니까'라며 비웃듯이 조금이라도 내 마음에 의심이 들면 그 찰나를 알아차렸다. 그럴 때마다 밖으로 조금 나오려던 발걸음이 다시 방으로 되돌아 들어갔다. 그건 일종의 시험과도 같았다. 나는 왜 내가 시험에 들어야 하는지도 화가 났다.

그날도 그랬다. 점심 시간에 맞추어 등교할 준비를 마친 아이가 현관으로 내려서려고 했다. 신발을 신는가 싶더니 다시 거실로 올라섰다. 나는 아무 말을 안 하고 있기가 너무나 힘들었다.

“다 준비했잖아. 가기만 하면 되는데, 왜.”

한참을 아무 말 없는 아이가 너무나 답답했다. 도대체 무슨 생각을 하는 것일까. 이런 상황을 이해한다는 건 무리다.

“어느 정도껏이어야지. 이러고도 엄마보고 이해하라는 거니? 너 노력을 하고 있기는 한 거 맞아?”

금방이라도 울 것 같은 아이의 표정에는 억측은 보이지 않았다.

“말을 해봐. 힘든 게 뻔히 보이는데 힘들다고도 안 하고 말야. 뭐가 힘든지 알아야 엄마가 도와주든지 말든지 하지.”

그래도 아이는 아무 말을 하지 않았다. 아니 못 했다. 나의 답답함은 더해갔고 매번 아이를 다그치는 듯한 상황이 되는 것에 나는 더 화가 났다. 매번 이런 패턴이었다. 아이는 입을 닫고 나는 계속 질문을 해대고. 하지만 어떤 결론도 없는, 대화라고 할 수 없는 나만의 아우성. 늘 나만 나쁜 사람이 되는 것으로 마무리되는 혼자만의 말싸움.

아이의 마음을 여는 열쇠가 있다면 얼마나 좋을까. 분명 하고 싶은 말이 있을 텐데 그걸 못 하는 아이는 오죽 답답할까. 그런 생각을 하다 보면 내가 더 참아야 하는 것이 맞았다. 힘든 건 나보다도 아이일 테니까 말이다.

내 마음을 가다듬고 더 기다리자. 기다리다 보면 아이가 답을 주겠지.

나는 기다렸다. 우선은 아이를 최대한 자극하지 않았다. 혼자 식사를 하고자 하는 아이에게 식구들과의 식사를 재촉하지 않고, 하루를 꼬박 잠만 자더라도, 며칠 동안 방 안에서 꿈쩍을 안 해도 아이의 방문을 두드리지 않았다. 내가 아이에게 건네는 말이라면 '식사해야지'라는 말이 다였다. 아이에게 힘이 생겨서 먼저 다가와줄 때까지 나는 기다리고 또 기다릴 작정이었다.

처음 작정을 했을 때의 마음은 일종의 오기였다.

'그래 어디까지 가나 보자.'

그러나 그런 마음은 조금도 아이의 마음을 움직이지 못했다. 많은 날이 지나고 내 마음을 진심으로 내려놓고 나서야 아이는 반응하기 시작했다. 신기한 것은 꼭 말이 아니어도 행동이 아니어도 내 마음의 모양이 바뀐 것을 아이는 거짓말처럼 알아챘다는 것이다.

진심은 열 마디의 말이 아니라 침묵만으로도 전달이 된다.

불안과 걱정을 내려놓고 자신을 진정 믿고 기다려주려는 엄마의 마음을 아이는 서서히 알아봐주기 시작했다. 긴 시간 침묵에 놓여 있던 아이의 입이 열리고 일상적인 몇 마디의 말은 차차 마음을 실은 대화들이 되어갔다. 그렇게 아이와의 대화가 가능해지자 나는 내가 할 수 있는 최선을 다해 온 마음으로 아이의 말에 귀를 기울이기 시작했다.

끊겼던 마음의 다리가 다시 연결되고 그 다리를 통해 서로의 마음이 오고 가게 되었다. 나의 진심과 사랑이, 아이의 솔직한 마음이 공감의 다리를 넘나들며 서로에게 다다랐다.

관계란 '너'와 '나'의 공감의 밀도에 따라 그 모습이 정해진다. 너의 마음에 나의 마음을 포개어보려는 시도, 온전히 너의 마음을 느껴보려는 노력이 '공감'이다. 상처받았을 때 누구 한 사람, 내 마음을 공감해주는 사람이 있다면 힘들었던 마음이 누그러지면서 치유가 된다. 딱 합동을 이루지 않더라도 내 마음에 다다르려는 그 누군가의 노력은 전쟁 같은 마음에 평화를 찾아주고 위로가 되며 약이 되고 용기가 된다.

여기서 중요한 건 '진정'이다.

'너가 원하는 대로 다 해줄게'가 아니라 '너의 진심에 엄마도 함께 머물고 싶어'이다. 이 미묘한 차이를 구분할 수 있어야 아이의 진심과 만날 수 있다.

먼저 이해하고 다음에 이해시키기.

난 이미 아이를 이해한다라고 마음을 먹고 대화를 시작하는 게 중요하다. 아이의 말을 따지고 평가하는 게 아니라 이미 공감할 준비를 하고 듣는 것이다. 어떤 의도를 품고 있는 말은 단번에 제지를 당하고 만다. 아무리 그럴싸하게 포장을 하여도 충고와 비판이 들어간 대화는 상대방으로 하여금 마음의 빗장을 걸고 가면을 쓰게 할 뿐이다. 대화 기술이 아무리 탁월해도 진심으로 이해하려는 마음이 없다면 진솔한 대화는 기대하기 어렵다. 소통은 기술이 아니다. 소통은 관심에서 시작된다. 이것이 대화의 기술 이전에 마음이 먼저여야 하는 이유이다.

마음을 닫아 잠근 아이에게 그 마음을 들어보려는 노력 없이 섣불리 상황을 판단하고 해결하려 하는 것은 금물이다. 온전히 마음에 집중해주는 것이 믿음을 만들고 열린 관계로 나아가는 지름길이다.

아이의 닫힌 마음의 문을 여는 건 아이 자기 자신이다. 부모를 향해 아이가 기꺼이 문을 열고자 해야 진정한 초대다. 나는 아이에게 초대받은 손님인가? 아니면 억지로 문을 따고 들어가려는 침입자인가. 아이에게 초대받는 부모가 되는 길은 진정성 있는 공감자가 되는 것이다.

진심으로 내려놓기

동굴로 들어간 아이를 지켜보며 가장 힘들었던 건 결국, 내려놓을 수 없는 아이에 대한 '내 마음'이었다. 아무것도 하지 않는 아이의 미래에 대한 걱정, 모두가 앞을 향해 달려가고 있는데 내 아이만 걷는 것도 아니고 멈추어 있다는 불안함. 고등학교, 대학교를 졸업하고 성인이 되어 원하는 일을 하며 살아가야 할 텐데 무엇도 시도하지 않는 아이에 대한 나의 공포.

불안함이 커질수록 아이를 자꾸 들쑤셨다. 자극을 주다 보면 무엇이든 하겠지라는 생각에 아이를 가만두지 못하고 자꾸 무언가를 들이밀었다. 아무것도 하지 않으면 그대로 도태

될 테니 나라도 나서서 아이를 일으켜 세워야 한다고 생각했다. 그러나 아이는 그 무엇에도 반응하지 않았고, 어쩌면 이번에는 할지도 모른다는 나의 생각은 번번이 헛된 기대로 끝나버렸다.

'이쯤이면 됐겠지. 아니 더 내려가네. 이쯤이면… 아직도 더 내려갈 데가 있나.'

아이는 끝간 데 없이 굴을 파고 들어갔다. 등교를 안 하는 것뿐만 아니라 생활 자체가 갈수록 엉망이 되어갔다. 밥다운 식사를 제대로 하는 법이 없고 겨우 한 끼를 라면으로 때웠다. 며칠이고 잠만 자다가도 깨어 있을 때는 또 손에서 폰을 놓지 않았다. 방문을 늘 잠그고 있는 탓에 별다른 제지도 할 수가 없었다. 어쩌다 있는 가족 모임은 제 시간에 맞춰 준비를 하는 법이 없었고 막판에는 약속을 엎기가 부지기수였다. 치과고 학원이고 노쇼가 일상이었다. 난감했다. 아이의 뒤치닥거리를 하고 있다 보면 내가 과잉보호를 하는 게 아닌가라는 생각이 들었다. 마냥 아이의 편을 들어주는 게 맞는 것인지 판단이 잘 되지가 않았다. 믿고 기다린다 생각은 했지만 내가 오히려 아이를 망치는 것은 아닌가 하는 의문이 자꾸만 고개를 들었다.

그 무렵 틈만 나면 나는 도서관을 찾아 자녀교육서와 심리학 관련 책을 탐독하기 시작했다. 책이 얼마만큼의 도움이 될지는 알 수가 없었다. 그러나 어디에 물어볼 곳도 없고 내가 매달릴 곳은 책밖에 없었다. 나의 가장 큰 궁금증은 하나였다. '아이를 이대로 두어도 되는가.'

그러나 자녀교육서는 학습 주제를 다룬 것이 대부분이었고 내 아이와 같은 케이스를 다룬 책은 쉽게 눈에 띄지 않았다. 나는 유튜브를 통해 알게 된 꽤 유명한 심리상담 전문가에게 메일을 보냈다. 답 메일에는 어떻게 해서든 아이를 데리고 학교에 가라는 내용이 적혀 있었다. 하아…. 아이를 업고 가란 얘기인가. 자기 발로는 절대로 움직이지 않는 아이를, 나보다 덩치가 커진 아이를 무슨 수로 학교에 데리고 간단 말인가. 그냥 이대로 둔다는 건 아이를 포기하는 것일까.

그러다 문득 중요한 걸 착각하고 있다는 생각이 들었다. 내가 아이를 포기하고 안 하고가 문제가 아니라는 것. 칼자루는 아이가 쥐고 있다는 것을 말이다. 지금 아이에게 필요한 것은 당장의 숨 쉬기가 아닐까? '지금'을 온 힘을 다해 견디고 있는 아이에게 학교나 미래를 생각할 여유 따위는 없는 게 아닐까? 오늘을 허덕이는 아이에게 미래를 준비하는 게 무슨 의미가 있겠는가. 아이를 위한 것이라고 생각했지만 사실은 남들과 비교하며 내 아이만 뒤처지면 안 된다는 엄마의 바람인 건 아닐까.

책에서도 누구에게서도 뾰족한 해답을 얻지는 못했지만 나는 나의 판단을 믿기로 했다.

'그래, 다 내려놓는 거야. 지금 아이에게는 이 시간이 필요한 거야. 학교 좀 늦게 가면 어때? 100세 시대에 그 몇 년 늦어진다고 인생 망하는 거 아니야.'

내려놓음은 내 아이를 향한 기대치를 낮추는 것이 아니다. 있는 그대로 아이를 바라보겠다는 엄마의 다짐이다. '그냥 너 자체로 엄마에게는 귀하다'라는 문장을 마음에 새겨 넣고 다듬는 과정이다. 아이의 본질을 흐리는 주변의 시선을 베어버리기 위한 예리한 칼날을 담금질하는 숙련의 길이다. 남들이 정한 기준을 채우지 못해 아쉬워하는 마음을 몰아내고 그 자리에 사랑을 가득 채우는 것이 내가 깨달은 '내려놓기'의 본질이었다.

그저 내 아이에게는 내 아이만의 시간과 속도가 존재할 뿐이라고 생각하기로 나는 다짐했다. '두려워할 것도, 조급해할 것도 아니다. 지금 아이는 에너지를 모으고 있는 중이다. 다시 제 속도를 내기 위해서 지금 이 시간은 분명 필요하다.'

아이가 이 과정을 딛고 다시 세상으로 나올 때까지 내가 할 일은 '내 마음' 하나 추스르며 나의 자리를 지키고 있으면 되는 것이었다.

나는 나만의 '내려놓기' 원칙들을 세웠다.

생각의 기준을 나에게서 아이로 옮기기.
틀림이 아니라 다름으로 받아들이기.
체념, 포기, 양보라는 감정 몰아내고 '사랑'으로 채우기.
아이의 등 뒤에 서 있기.
나의 바람은 바람일 뿐, 정답이 아니라는 사실 받아들이기.
조건 없는 지지와 응원 보내기.
무엇보다도 '존중'해주기.

"전 우리 아이 내려놨어요."

언젠가부터 이 말을 자주 듣는다. 뭔가 초월한 느낌이랄까? 흔히 내 뜻대로 안 되는 아이를 두고 부모들이 하는 말이 '내려놓기'이다. 어릴 때는 장난이 너무 심해서, 야단을 쳐도 통제가 안 돼서, 사춘기 무렵이 되면 공부에는 손을 놓고 뭐든 자기 마음대로 행동하는 아이를 볼 때 '내려놓기'를 말하는 것 같다.

내려놨다고 말하는 부모들의 말끝에는 왠지 모를 체념, 포기의 감정이 보인다. 마음에서 진심으로 받아들여지지는 않으나 너무 지쳐서 어쩔 수 없이 아이 하는 대로 두고 본다는 뜻으로 다가왔다.

나는 '내려놓음'이란 부모가 쥐고 있던 아이의 삶의 주도권을 다시 아이에게 건네주는 과정이라고 생각한다. 부모는 세상에서 아이를 가장 사랑하는 존재임에 틀림이 없다. 그렇기에 아이가 살아가면서 웬만하면 덜 힘들고 사람들에게 인정받으며 자신이 원하는 삶을 살기를 바란다. 그래서 정답이라 생각하는 이런저런 길을 아이에게 제시하고 그 길을 아이가 잘 따라와주기를 원한다.

부모가 닦아놓은 로드맵을 따라 잘 가는 아이들도 있을 테지만, 잘 가다가 어느 순간 샛길로 새거나 그 길 자체를 거부하는 아이들이 있기 마련이다. 그러면 이내 부모와 자녀 사이에 갈등이 생긴다. 잘잘못을 따지고 비난하다가 서로에게 상처를 주기 시작한다. 그러나 생각해볼 일이다. 부모가 말하는 그 길이 과연 정답인지. 애초에 부모가 아이와 상의도 없이 마음대로 짜놓은 길을 아이가 거부한다고 그것에 화내고 체념하고 포기할 일인지.

우리는 저마다 방향 키를 쥐고 각자의 인생을 항해한다. 그

건 아이들도 마찬가지다. 어디로 갈 것인지, 목적지에 대한 정답은 정해져 있지 않다. 정답은 각자의 몫이기에 부모가 할 역할은 아이가 진정 원하는 답이 무엇인지 찾는 것을 옆에서 지켜봐주는 것일 뿐, 부모가 가리키는 곳이 정답이라고 강요할 수는 없다.

다만 확실한 건 변화의 속도가 빠른 미래에는 삶의 주도권을 쥐어본 아이가 주도권을 쥐어보지 않은 아이보다는 유리할 것이라는 것이다.

'부모가 바라보는 세상의 크기에 따라 아이들의 시야도 결정된다.'

부모로서 내가 지금 보여주는 비전이 정답일까? 시켜야 하는 아이가 아니라 스스로 발견하고 찾아가는 아이로 성장시키기 위한 것이라 여기고 기꺼이 아이와의 거리를 둬보는 건 어떨까?

결국 아이가 자신의 삶을 책임질 때가 온다. 좌충우돌 부딪치고 깨지는 과정을 통해 아이는 다듬어지며 어른으로 성장해나간다. 기꺼이 자신을 믿어주고 지지해주는 부모를 가진 아이라면 깨지고 다친 상처에 주저앉아 울기를 멈추고 툭

툭 털고 일어나 다시 걸어갈 용기를 낼 것이다. 내 마음대로 아이를 재단하고 거기에 들어맞지 않는다고 멋대로 체념하거나 포기하지 말자. 내 아이가 다른 부모와 나를 비교한다고 생각해보자. 자신의 욕구를 다 채워주지 못한다고 부모를 내려놨다고 하면 어떤 기분이겠는가?

'내려놓기'는 포기가 아니다.
어쩔 수 없어 선택한 기다림도 아니다.

'내려놓기'는 내가 정한 기준에 아이를 맞추려 했던 어리석음을 인정하고, 내 마음에 드리워진 허상을 걷어내는 작업이다. '온전히 바라보기'이다. 지금 이 순간 내 앞에 있는 아이 모습을 있는 그대로 수용하고 사랑하는 것이다.

나는 등대가 되기로 했다

자퇴서에 도장을 찍고 며칠 분주한 시간을 보내던 아이는 정체 모를 무기력에 빠지기 시작했다. 불안이 또다시 아이를 흔들고 있었다. 모든 것이 원점으로 돌아가려는 걸까. 내 마음 또한 요동을 치기 시작했다.

불안한 마음을 새벽 산책으로 달랬다. 풀썩풀썩 일어나는 불안함의 먼지를 한 걸음 한 걸음 꾹꾹 걸음으로 눌렀다.

어둠 속에 환한 빛을 뿜어내고 있는 가로등이 망망대해를 밝히는 등대처럼 느껴졌다.

'그래, 아이는 먼 바다를 항해 중이야. 지금 자신의 목적지를 잃고 잠시 표류 중인 것뿐이야. 다시 방향 키를 단단히 잡고 자신만의 항해를 떠나게 될 거야. 그 방향 키는 내가 대신 잡아줄 수 없어. 난 가만히 내 자리에 서서 깜박깜박 등대가 되어주기로 하자. 아이가 자신의 길을 찾아갈 때 깜깜한 어둠 속에서 외롭지 않도록 한 줄기 빛이 되자.'

며칠이고 나는 아이가 움직이기를 기다렸다. 4월에 자퇴서를 낸 아이는 봄이 다 지나가고 여름에 들어서고도 방에서 나오지를 않았다. 마음이 불안으로 요동쳤지만 참아야 한다고 생각했다. 열여덟 살. 아이는 이제 더이상 열 살 그때 그 꼬마가 아니다.

오랜 시간 동안 등교를 제대로 하지 않으며 아이와 나는 많은 시간을 함께 보냈다. 히키코모리, 은둔형 외톨이 생활의 큰 부작용은 퇴행 행동이 나온다는 것이다. 아이는 알고 있었는지 모르지만 모든 걸 스스로 결정하지 못했다. 자퇴만 하더라도 1년도 넘는 시간을 고민에 고민을 거듭하다 겨우 결론을 내린 것이었다. 그런 큰 문제는 둘째치고 물건을 고른다거나 메뉴를 고르는 것 같은 소소한 선택도 아이는 매우 어려워했다.

사회와 떨어져 있어서 생긴 시간의 간극이 더는 벌어지지 않도록 나는 마음을 졸이며 더욱 세심하게 아이를 지켜봤다.

언젠가는 이 동굴을 벗어나 세상으로 나아갈 아이를 꿈꾸며 말이다.

열 살이라는 어린 나이부터 등교가 힘들었던 아이는 언제나 쓸쓸하고 외로웠고, 그런 아이 옆을 지켜주는 건 너무나 당연한 것이었다. 아이의 일거수일투족을 챙기는 것뿐만 아니라 마음과 감정까지 함께했다. 아이의 아픔은 나의 아픔이었고 아이의 외로움은 나의 외로움이었다.

그러나 무엇이든 과한 건 문제가 된다. 정서적으로 좁은 거리에 있다는 건 안정감을 주기도 하지만 거리를 두려 하면 불안감을 유발하기도 한다. 가족의 지지와 믿음은 은둔하는 아이의 외로움을 희석시켜주고 마음을 안정시키는 데 더욱 중요하다. 따스하게 자기를 바라봐주고 지지해주는 가족의 품은 불안한 삶 속의 안전핀과도 같을 것이다. 그러나 언젠가 아이는 혼자의 힘으로 세상 속에서 자기 자신을 지키고 성장해나가야 하는 때가 온다. 계속 보호받는 삶은 자생력을 키우지 못하고 자신감을 점점 잃어가게 만들 것이다. 밀착에 가까운 정서적 거리는 결국 아이의 건강한 독립을 막는 독이 될 수도 있었다.

아이가 자퇴를 결심했을 때 나는 생각했다.

'이제 아이는 나로부터 독립을 해야 한다.'

내 마음의 가시 같았던 아이. 아프니까 자꾸만 들여다볼 수밖에 없고 신경 쓸 수밖에 없는 존재. 하지만 이제 살을 째고 피를 내서라도 그 가시를 뽑아 나에게서 분리를 시켜야 했다. 부모이든 아이이든 인생이란 각자의 방향 키를 쥐고 떠나는 먼 항해이다. 대신할 수도, 대신해줄 수도 없는, 결국은 혼자 나서야만 하는 여정이다. 내 마음에 아이를 계속 품고 있으면 아이는 조종법을 익히지 못하고 길을 잃고 좌초될지도 모른다.

부모와 아이의 관계는 벤다이어그램과 같다. 건강한 관계에는 적당히 겹쳐진 교집합이 존재한다. 두 개의 동그라미가 완전히 포개진다면 그것은 구속이거나 의존이 된다. 또 완전히 떨어지게 되면 그건 남남인 것과 다름없다. 적당히 포개지고 적당히 거리를 두면서 내가 속하지 않은 아이의 여집합을 인정하는 것이 서로 간에 건강한 관계이다.

아이와 겪는 수많은 갈등의 이면에는 아이를 나와 동일시하는 오류가 존재한다. 나와 아이는 엄연히 다른 인격체임을 잊고 나의 바람을 아이에게 투영하려 한다. 어릴 적 순하고 잘 따르던 아이를 기억 속에 붙들고는 내 뜻대로 하지 않는 아이를 향해 질책하고 비난을 한다. 아이가 부모의 뜻대로 하지 않고 자신의 의지대로 하려는 것은 건강하게 성장을 하고 있는 것이다. 인간이 누구의 소유물이 될 수 없듯이 아이 또한 부모의 소유물이 될 수 없다.

자식에게 모든 걸 내맡긴 부모는 아이에게도 부담이 된다. 자식에게서 삶의 의미를 쫓는 부모는 그것이 뜻대로 되지 않았을 때 아이로 하여금 죄책감을 느끼게 할 수 있다. '아이'는 빼고 '나'는 더하여 가는 것이 커가는 아이를 둔 부모의 삶이다.

아이의 고통을 같이 바라보고 느껴주되 그 해결은 아이의 몫으로 넘겨줘야 한다. 아이와의 적당한 거리 두기는 언젠가는 홀로 세상을 살아갈 아이가 지지대 없이 설 수 있게 하는 연습이다. 나는 깨달았다. 부모의 길, 그 궁극적 목적은 아이의 온전한 독립이다.

아침부터 매미가 시끄럽게 울어대던 8월 어느 날 아침, 아이는 방에서 나왔다. 8월 7일, 그날 아이는 자신의 방향 키를 움켜 쥐고 항해를 시작했다. 오랜 시간 의지했던 엄마에게서 아이는 스스로를 분리해냈다. 검정고시 학원을 등록하고 꿈드림을 찾아가고 자신이 앞으로 해야 할 것들을 챙기기 시작했다. 아이는 드디어 자신의 트랙 안으로 들어선 것이다.

나는 등대다.
망망대해, 목적지를 찾아 헤매고 있는 아이를 향해
오늘도 깜박깜박 불빛을 밝힌다.
나를 등진 채 먼바다 위를 헤매고 있어도
나를 보지 않고 다른 곳만을 바라보더라도
아이를 향한 깜박임은 멈추지 않는다.
풍랑이 일고 거대한 암초에 가로막혀도
아이의 배가 넘어질까,
불안한 마음은 어둠 뒤에 숨기고,
같은 자리에서 깜박깜박.
그 불빛 따라 가려던 길 다시 찾아들 수 있게
그저 아이에게 빛으로서 존재하는
나는 등대다.

스스로를 방에 가둔 아이

내 아이는 히키코모리, 은둔형 외톨이였다. 과거형으로 말할 수 있는 지금 이 순간이 마치 꿈처럼 느껴질 정도로 아주 오랜 시간, 아이는 스스로를 방에 가두고 있었다.

언젠가 아이에게 물어봤다.

"이제 은톨이 생활 끝난 거 맞니?"

"지금도 방에 있는 게 좋아요. 밖에서 사람들과 있으면 피곤해요. 하지만 다시 예전처럼 그렇게 살고 싶지는 않아요."

오랜 은둔 생활에서 완전히 벗어나는 데에는 어쩌면 더 많은 시간이 필요할지 모른다. 여전히 그곳은 아이가 가장 많이 머물러 있는 공간이고 안정감과 편안함을 주는 곳이지만 이제 아이는 자기가 원할 때는 언제든지 스스로 방문을 열고 밖으로 나온다.

지난날, 출결을 챙기기 위한 최소한의 바깥 출입을 빼고 가족 이외에 타인이 있는 어떤 곳에도 가려 하지 않던 아이다. 그런 아이가 지금은 친구들을 만나고 카페나 식당에서 수다를 떤다. 대중교통을 이용하여 필요한 곳에, 필요한 사람들을 만나러 간다. 일본 여행 자금을 모으기 위해 아르바이트도 했다. 불과 2~3년 전만 해도 '과연 이런 순간이 올까?' 싶었던 모습들이 지금은 아이의 일상이 되었다.

초등학교 3학년 무렵부터 보이기 시작한 은둔 성향은 중학교에 들어가면서 확연히 심해졌다. 그리고 자퇴를 한 고등학교 2학년 여름까지 만 8년에 가까운 시간, 아이는 은둔형 외톨이로 지냈다. 은둔 성향이 가장 극심했을 때는 외출 자체를 하지 않았고 거실에조차 나오지 않는, 완전히 고립된 생활을 했다. 당연히 만나는 사람은 없었고, 식사도 가족을 피해 혼자 방에서 해결을 했다. 아이가 유일하게 소통하는 사람이라면 가족, 그중에서도 유일하게 엄마인 나뿐이었다.

내 마음에서 학교와 공부를 내려놓고 아이의 존재 자체만을 바라보게 되자 분노는 사라지고 아이와 나 사이에는 평화가 찾아왔다. 자기의 모습을 있는 그대로 바라봐주는 엄마의 마음을 아이도 느꼈던 것일까. 어느 순간 우리는 어디가 끝인지도 모르는 깜깜한 터널 속을 손을 잡고 함께 걸어가는 동지가 되어 있었다.

히키코모리 하면 떠오르는 이미지들이 있을 것이다. 방에 틀어박혀 침대와 한 몸인 일상, 낮엔 늘어져 잠만 자고, 밤새 게임을 하거나 스마트폰에 빠져 지내고. 잘 먹지도 않고, 잘 씻지도 않고, 방이 쓰레기로 넘쳐나도 치울 생각을 하지 않는 아이들. 모든 것이 맞다. 내 아이도 딱 그 모습 그대로였다.

사람들은 그런 모습을 게으르거나 의지가 부족해서라고 생각할지도 모른다. 나가는 게 귀찮고 당연히 해야 할 일을 회피하고 싶어 방에만 처박혀 있는 게 아니냐고 말이다. 처음엔 나도 그렇게 생각했다. 조금만 움직이면 되는 것을 왜 저걸 안 할까? 씻는 게 뭐가 어렵다고 한 달이고 두 달이고 씻지를 않는 거지? 쓰레기를 들어 옆에 놓인 쓰레기통에 버리기만 하면 되는데 왜 저걸 쌓아놓기만 하는 거지?

한참 후에야 알았다. 그건 안 하는 것이 아니라 못 하는 것이었다.

아이를 은둔으로 이끈 그 마음 안에는 우울증과 대인기피,

불안으로 이끈 상처들이 자리하고 있었다. 마음의 상처는 눈에 보이지 않는다는 이유로 오해를 사기 쉽다. 교통사고를 당해 다리가 부러졌다면 누가 봐도 응급 수술을 받아야 한다고 생각할 것이다. 하지만 눈에 띄지 않는 마음의 상처는 그 심각성을 볼 수가 없다. 은둔형 외톨이에게 왜 밖에 안 나가고, 씻지를 않고, 청소를 하지 않느냐고 말하는 것은 다리를 다친 환자에게 왜 걷지를 않느냐고 다그치는 것과 똑같다.

은둔하는 아이를 애써 드러내지 않았던 나의 마음을 누구는 부끄러움 때문이 아니었느냐고 한다. 또 누구는 수치가 아니었느냐고 묻는다. 자랑일 수는 없지만 부끄러움도 수치도 아니라고 나는 말할 수 있다. 멈추어 있었다고 의미 없는 건 아니다. 모든 시간과 경험에는 나름의 의미가 있다고 생각한다. 그 긴 시간 아이는 멈춘 듯 보였지만 눈에 보이지 않는 내공을 쌓는 시간들이었다. 실패라 여겼던 시간을 딛고 일어나니 좀 더 건강한 마음을 지니게 되었고, 삶을 허투루 대하지 않는 진지함을 가지게 되었다. 지난 은둔의 시간은 거칠고 척박한 세상에서 아이가 앞으로 더 튼튼하고도 깊은 뿌리를 내리며 살아갈 수 있도록 다듬어지는 시간이 되었다고 나는 믿는다.

깊게 하강을 하여 바닥을 짚어봤던 아이에게 인생은 여전히 수많은 허들이 존재하는 두려운 곳일 것이다. 하지만 충분히 실패의 맷집을 키운 아이에게 이젠 그 실패마저 당당하게 말할 수 있는 여유가 생겨났다고 나는 생각한다. 그 무엇이든간에 아이에게는 동굴 속에 갇혀 아무것도 하지 않는 것보다는 훨씬 나은 것이기에 말이다. 우선은 도전하고 뻔뻔하게 실패할 수 있는 당당함은 기나긴 은둔 생활을 통하여 만들어진 아이만의 인생 무기가 될 것이다.

최근 몇 년간 코로나의 여파로 인해 등교를 거부하고 은둔을 하는 아이들의 수가 점점 늘어나고 있다. 짧지 않았던 그 기간 동안 온라인 수업과 대면 수업이 교차하면서 아이들은 학교에 제대로 적응할 수 없었다. 친구 문제, 구멍 나버린 학습 상태, 거기에 사춘기가 맞물리며 아이들의 부적응은 증폭되었다. 관계들 속에서 자연스럽게 문제를 해결해나가는 법을 익히지 못한 아이들은 급속도로 무기력에 빠져들었다.

학교도 가지 못하고, 친구도 만나지 못하는 무료한 일상에서 아이들의 스마트 기기 사용 시간은 늘어날 수밖에 없었다. 달라진 일상, 그러나 여전한 공부 스트레스. 아이들의 무기력은 어쩌면 예견된 것이었을지도 모른다. 일상을 컨트롤할 힘을 잃어버린 아이들은 온라인 세상으로 무섭게 빠져들게 되었고 아이들 상당수가 과의존 내지는 중독 상태가 되는 지경에 이르고 말았다.

학부모들은 생각한다. 스마트폰 때문에, 게임 때문에 내 아이가 학교를 안 가고, 공부를 안 하고, 우울과 무기력에 빠지게 되었다고 말이다. 하지만 그 반대일 수도 있다. 갑자기 맞닥뜨린 낯선 현실 속에서 통제력을 잃고 우울감에 빠진 아이들의 마음을 등한시한 결과 아이들로 하여금 그 세계로 숨어들게 한 것일 수도 있다. 아이들이 겪었을 어려움에 대한 공감이나 대책은 뒤로 하고 공부로 몰아붙이기만 한 어른들과 사회의 무신경이 아이들을 온라인 세상에 더 머물게 한 측면을 놓쳐서는 안 된다.

청소년들뿐만 아니라 청년층 은둔형 외톨이들의 수 또한 해를 거듭하며 늘고 있는 추세이다. 인생에서 배움과 성장의 시기를 포기하고 은둔형 외톨이가 되는 것을 한 아이, 한 가정만의 문제로만 여긴다면 이런 현상은 계속될 것이다.

은둔을 선택한 이유는 여러 가지가 있을 것이다. 내 아이의 경우는 일종의 방어기제였다. 세상에 자신을 온전히 드러내기가 겁이 났던 것이다. 그래서 시간을 두고 세상 앞에 다시 설 시간을 벌고자 함이 컸다. 그러나 세상과의 간극은 점점 벌어져만 갈 뿐이었다. 아이는 자신의 생각처럼 되지 않는 현실에 더욱 낙담하고 결국에는 모든 것을 놓아버렸다.

은둔에서 벗어나고자 아이들도 시도를 한다. 그러나 막상 나와본 세상 밖은 아이들이 새롭게 적응하고 버텨내기엔 여러 난관이 많다. 그중에서 가장 큰 문제는 학령기 아이들의 학습 공백이다. 막상 밖으로 나오려고 하는 아이들을 다시 들어가게 만드는 주요한 요인이 바로 이것이다. 오랜 학습 공백은 아이들이 학교에서 설 곳을 잃고 다시 떠돌게 만든다. 학업을 중단한 아이들을 품어주는 제도적 시스템은 충분하지 않고 혼자 알아서 해야 하는 게 현실이다. 동굴을 탈출하고자 하지만 현실이 요구하는 의지의 크기는 너무나 크다. 결국 아이들은 다시 동굴을 선택하고 은둔의 기간은 장기화로 이어지게 된다.

그래도 아이들은 다시 세상 밖으로 나오려 할 것이다. 가족과 사회가 튼튼한 울타리를 두르고 믿음으로 감싸 안아준다면 아이들은 언젠가 꼭 자신의 빛을 발견하고 세상 속에 섞여 살아가게 될 것이다.

은둔형 외톨이는 어디 우주에서 떨어진 별종들이 아니다. 얼마 전까지만 해도 엄마가 차려준 아침밥을 먹고 헐레벌떡 학교로 달려가고, 교실에 앉아 친구들과 수업을 하고 떠들던 보통의 아이들이었다. 마음이 아파 잠시 힘을 잃고 숨을 고르고 있는 아이일 뿐 두려움의 대상이 아니다. 지금 아이들에게 필요한 건 믿음과 사랑이다. 아이를 비난하지 않고 동굴 속에 들어가 있는 아이의 손을 꼬옥 잡은 채 묵묵히 기다려준다면 그 누구도 괴물이 되는 일은 없을 것이다.

기다림의 물 주기

무더위가 기승을 부리던 어느 날, 아이가 거실로 나왔다. 좀처럼 없던 일이었다. 아무리 더워도 방에서 꿈쩍하는 법이 없던 아이다. 동생들의 귀지를 파주고 있던 나의 눈에 꽉 막힌 아이의 귓밥이 눈에 들어왔다.

"엄마가 귀 파줄까?"

아이는 말없이 내 무릎을 베고 누웠다. 묵직한 머리가 그동안의 시간의 흐름을 느끼게 해주었다. 나는 말없이 아이의 귓속을 청소하는 데에만 집중을 했다. 아이 또한 별말 없이 얌전히 누워만 있었다.

생각을 읽을 수 없는 아이의 표정, 알고 싶다. 무엇이 이 무더운 여름날 아이를 좁은 방 안에 가둔 것인지. 세상을 등지고 스스로를 고립시키게 하였는지.

얼마 동안 감지 않은 것인지 머리는 떡이 져 있고 몸에서는 쉰내가 진동을 하였다. 말도 안 되는 몰골에 쏟아지려는 눈물을 꾹꾹 누르며 입에서 달싹거리는 말을 씹어 삼키며 묵묵히 손만을 놀렸다. 귓밥 정리를 마치자 더는 거실에 머물지 않고 아이는 일어나 다시 자신의 동굴로 들어가버렸다.

사람은 저마다 각자의 시간이 있다. 그리고 그 속도는 모두 다르다. 삶은 어쩌면 나에게 맞는 시간의 속도를 찾아가는 과정일지도 모른다. 빠른 보폭에 숨을 헐떡거려보기도 하고, 힘들면 속도를 줄이고 숨을 고르며 나에게 편안한 흐름을 찾아간다. 그럼에도 멈추어서는 안 되는 여정, 그것이 삶일 테다.

가까이에서 보면 완벽한 '멈춤'의 상태. 하지만 높은 곳에서 바라보면 그 또한 한 점에 불과한 시간. 내 마음이 그 '한 점'을 볼 수 있게 되기까지 꽤 오랜 시간이 걸렸다. 기준을 남들에게 두고 보는 버릇이 내 마음속 깊숙이 녹아들어 있었다. 저들의 기준에서 벗어나 온전히 내 아이만을 보기까지 그런 엄마를 기다려준 아이의 기다림이 있었다는 걸 나는 한참 뒤에야 깨달았다. 비좁은 엄마의 마음이 넉넉한 품으로 클 때까지 아이는 인내하며 봐주고 있었던 것이다.

아이가 '다시'라는 마음을 먹기까지는 시간이 필요하다. 꺼져버린 불씨는 쉽사리 재점화를 하지 않는다. 차갑게 식어버린 가슴은 웬만한 기다림으로는 온기를 찾기 힘들다. 아이는 에너지가 바닥나고 두려운 상태이다. 일부러 그러는 것이 아니라는 걸 받아들여야 한다.

기다림의 시작은 멈출 수도 있다는 걸 인정하는 데에서 시작된다. 뛰다가 힘들면 걸을 수 있고, 걷는 것조차 힘들거나 부상을 입으면 잠시 멈출 수도 있다. 기다림은 내 아이가 지금 아프다는 걸 인정하는 것이기도 하다.

결국 이 게임의 승패는 '기다림'에 달려 있다. 얼마나 끈덕지게 제대로 기다려주느냐가 모든 걸 좌우한다. '그래 그럴 수 있지'를 수만 번 반복할 각오가 되어 있어야 한다. '이 정도면 됐겠지'란 없다. 그건 내가 정하는 것이 아니다.

엄마인 나의 마음이 모든 걸 받아들일 준비가 끝났다면 이제 시작이다. 열심히 기다리는 것이다. 아침마다 벌어지는 등교 전쟁에서 '전쟁'이라는 꼬리표를 떼어낸다. 난 아이와 전쟁을 치르는 것이 아니니까. 똑똑. 아이를 깨운다. 기척이 있을 수도 있고, 없을 수도 있다. 헛된 기대와 좌절이 반복되다 보면 불쑥 아이에 대한 원망이 솟아오르며 마음의 균형이 무너질 수 있다. 마음이 제자리를 찾지 못하고 방황을 한다면 생각하자.

'아이는 지금 준비 중이다. 거짓말을 하는 것이 아니다.'

언젠가는 다시 움직일 거라는 믿음이 아이를 살린다. 그 믿음은 내 마음 끝에 실려 아이를 바라보는 눈빛에서, 어깨를 토닥여주는 손끝을 통해 전해진다. 보이지도 만져지지도 않는 에너지는 언제나 아이와 나 사이를 오가고 있다. 온전히 믿고 기다려주는 것이 가능해지면 그 에너지가 고스란히 아이에게 전달이 된다. 그리고 그 에너지는 아이의 언 가슴을 녹이고 멈추었던 생각을 다시 움직이게 한다.

억지로 되지 않음을 인정해야 한다. 어차피 시간이 걸리는 싸움이다. 그걸 받아들이고 나면 마음이 한결 가벼워진다. 잊지 말자. 내 마음이 중요한 것이 아니다. 나의 판단이 중요한 것이 아니다. 키는 아이의 손에 들려 있다. 아이의 손에 들린 키는 아이의 것이다. 그걸 뺏어서 내가 대신 운전할 수는 없다. 이제 각자의 차에 올라 탈 시간인 것이다.

'기다려주자' 하고 굳은 결심을 한 내 마음을 뒤흔든 최대의 방해꾼은 '속도'였다. 우리 아이만 너무 늦어지고 있다는 불안감이 올라오면 또다시 흔들렸다. 그 불안감에 아이를 흔들게 되면 한 발짝 앞을 향해 내디디려던 발걸음은 다시 뒤로 물러났다.

삶에 정해진 룰이 있다는 고정관념을 벗어던지는 것이 가장 현명한 방법이었다. 남들과는 다른 시간을 보내는 아이를 지켜본다는 것은 당연한 것들이 당연하지 않을 수도 있음을 받아들이는 과정이었다. 그 과정을 거치며 남들이 걸어가는 속도와 나는 별개이며 신경 쓸 것이 아니라는 것을 깨달았다. 저들의 속도에 맞출 필요가 없다는 것을 인정하는 순간 마음에 평화가 찾아오고 온전히 기다릴 수 있게 되었다. 그렇게 편해진 마음은 아이에게 좋은 에너지로 전달이 되었다. 혼자 우뚝 서기에 아직은 역부족인 아이에게 진정 두려움이 제거된 나의 에너지는 아이가 다시 속도를 낼 수 있도록 도움을 주었다.

언제 끝난다는 약속 따위는 없다. 기약 없고 막막하고 그래서 두려울 수 있다. 하지만 부모인 나보다 힘든 건 아이이다. 아이에게 은둔의 시간은 아직 일어나지 않은 미래에 대한 불안을 키우고 현재를 옴짝달싹 못 하게 묶어버린다. 자신이 무엇인가 할 수 있다는 믿음을 스스로 놓아버린다. 그런 아이의 마음은 어떤 시작도 하지 않고도 자신을 패배자로 낙인찍어 버린다. 결코 돌아올 수 없는 강을 건넌 것처럼 마음을 깊은 강물에 던져버린다. 이미 아이는 충분히 괴로운 것이다.

결코 조바심을 내서는 안 된다. 나의 조바심은 미래에 대한 두려움과 암담함을 가지고 방황하는 아이의 마음을 더욱 불안하게 한다. 그 두려움의 불씨에 확 불을 댕기는 순간, 아이의 두려움은 건잡을 수 없이 커지게 된다.

기다리겠다 마음먹었다면 기다림의 물 주기는 끊이지 않고 이어져야 한다. 주다 말다 주다 말다 한다는 건 내 마음이 불안해서이다. 외부의 조건에 휘둘리다 보면 다시 아이를 흔들게 된다. 그렇게 되면 아이의 시간은 다시 멈추어버릴 수 있다. 말라버린 새순이 다시 살아날 때까지 물 주기를 멈추지 말아야 한다. 그러고 나서 믿는 것이다. 기다림의 끝은 반드시 온다고.

채워지지 않은 욕망이 좌절이 되지 않도록

아이를 아무것도 하지 않는 자포자기 상태로 내몬 것 중 하나는 완벽주의였다. 아이는 어릴 적부터 무엇이든 시작한 일에서는 완벽함을 추구했다. 그러나 유치원에 들어가면서부터 아이의 이런 기질은 칭찬이 아니라 다른 아이들과 속도를 맞추지 못하고, 느리고, 마무리도 제대로 하지 못하는 아이로 낙인이 찍히는 원인이 되었다. 그전에는 장점이라고 칭찬받던 기질이 독으로 작용했던 것이다. 아이의 떨어진 자존감은 남들에게 인정받고 싶은 강한 욕구로 자라났다. 그리고 기형적으로 자라난 욕구는 현실과 맞지 않는 목표들을 세우게 만들었다.

실현 불가능한 목표들이었기에 실패는 예정된 것이었다. 그럼에도 점점 높아져가는 기대치, 어떤 결과든 100이 아니면 아이는 스스로를 인정하지 않았다. 거기에 도달하기 위해 했던 노력은 깡그리 무시하고 100을 만들어내지 못한 자기 자신을 비난했다.

조절을 실패한 완벽주의는 포기를 가져온다.

생각의 오류들은 날이 갈수록 심해졌다. 자기만의 주관적인 기준들이 절대적 기준으로 바뀌면서 그것에 못 미치는 자신을 도리어 탓했다.

'난 틀렸어. 해봤자 안 될 거야.'

포기는 두려움을 키우고 세상으로 향하는 마음의 문을 더욱 꽁꽁 걸어 잠그게 만들었다. 아이의 은둔의 시간이 그렇게 길었던 이유는 견고한 완벽주의 성향이 아이의 마음에서 용기를 빼앗아갔기 때문이었다.

완전히 망했어.

이거 아니면 안 돼.

100점이 아니면 못한 거야.

내가 그렇지 뭐.

중간이 없는 흑백논리, 실수에 대한 집착, 부정적인 생각으로 가득 찬 결과 예측. 마음속에서 무언가가 아이를 쥐고 흔들 듯 생각은 한 방향으로만 걷잡을 수 없이 흘러갔다.

두려움의 언덕을 넘어 '해보자'라는 용기로 건너가기까지 중요한 것은 자신의 생각이 잘못된 것일 수도 있다는 '의심'을 시작하는 것이었다. 엄마로서 나의 역할이 그것이었다. 아이에게 의심의 마음을 품게 하는 것. 결과가 어찌 되었든 과정에 쏟은 너의 노력은 결코 헛되지 않을 것이라는 메시지를 강력하게 넣어주어야 했다. 자신은 못 믿어도 누군가 나를 믿어주는 한 사람이 있다면 그 힘으로도 일어설 용기는 생겨날 수 있다.

부모의 영향이란 아이와 함께하는 매 순간 모든 감각으로 전달이 된다. 그것이 부정적인 것이든 긍정적인 것이든 말이다. 실패란 두려운 것이고 성장이 아닌 성공이 중요하다는 생각 또한 오랜 시간을 걸쳐 자연스럽게 아이에게 흘러들어갔을 것이다. 그래서 아이에게 문제가 벌어졌을 때 아이가 아닌 부모가 자신을 먼저 되돌아봐야 하는 이유가 그것이다.

아이가 다시 일어서는 데 방해가 되는 생각들, 쓸모없는 마음들을 물리치려면 내 생각의 뿌리부터 바꾸어야 했다.

아이의 완벽주의 이전에는 나의 완벽주의가 있다.

아이의 문제를 겪으며 나 또한 완벽주의와 인정 욕구가 강하다는 것을 깨달았다. 타인에게는 표현하지 않지만 나 자신에게 부여한 높은 기대치로 인해 항상 스트레스에 시달리고 있음을 인지할 수 있었다. 일에서뿐만 아니라 주부로서 엄마로서 사람으로서 주변에 두루두루 좋은 평가를 받고자 애쓰며, 나 자신의 욕구는 누른 채 타인에게만 맞추느라 힘들어하고 있는 나의 내면이 보이기 시작했다. 아이의 은둔과 더불어 일순간 모든 게 가짜처럼 느껴졌다. 아이의 방황만큼 나 자신을 돌아보는 시간이 찾아왔다.

마음을 다잡기 위한 돌파구로 나는 계속 무언가를 찾아 헤맸다. 그것이 공부이건 경험이건 간에 새로운 것에 관심을 두고, 배우고, 익혔다. 일상의 루틴을 규칙적으로 바꾸어나갔고 마인드를 튼튼히 하려고 노력했다. 몇 년의 시간이 지나자 소소한 도전은 때때로 큰 성과로 이어지기도 했다. 중요한 것은 계속 도전이 이어졌다는 것이고 한 방향으로만 뻗어 있던 나의 삶에 여러 개의 길이 계속 나타나기 시작했다는 것이다.

그 일련의 과정을 아이도 알게 모르게 보고 있었을 것이다.

나의 변화는 아이에게로 이어졌다. 최선이 안 먹힐 땐 차선도 있으며, 끝은 또 다른 시작이고 과정이 있어야 결과에 다다를 수 있음이 아이에게 전달되었다. 실패가 마냥 두려워 어떤 시도도 하지 않던 아이는 시간이 지나며 조금씩 움직이기 시작했다.

완벽주의를 물리치기 위해서는 현실에 맞지 않는 높은 기대치를 낮추고 결과가 아닌 과정 자체로도 큰 성과임을 받아들이는 게 중요했다. 결과에 집착을 하게 되면 과정 자체를 즐길 수 없다. 스스로 해서 얻는 모든 것들, 그 양이 10~20이어도 그걸 이루기 위한 과정이 헛된 것이 아니라 다음을 노릴 수 있는 기회의 발판이 된다는 것을 인정하는 순간, 아이는 '다시 해볼까?'라는 마음을 먹게 된다. 큰 성공 하나가 아닌 작은 성공 여러 개의 가치를 받아들이고, 10이든 30이든 어제보다 더 나아졌다면 그것을 성공이라 여기게 이끌어야 했다.

다시 시도하고자 하는 용기를 내기 시작한 아이에게 내가 조언한 것은 간단한 것이었다. 결과에 연연해하지 말자. 오늘 또 오늘, 하루에 1씩만 하자. 100, 1000을 생각하지 말고 그냥 오늘 하는 1만 생각하자. 100도 1이 있어야 도달할 수 있는 것이다. 과정이 없이는 어떤 결과도 이룰 수 없다. '완전히 망했어' 같은 극단적인 표현은 멀리하자. 성공 아니면 다 실패라는 흑백논리는 피해 가자. 작고 현실 가능한 목표를 설정하고 딱 그만큼만 매일 해치우자.

변화에 대한 열망이 싹트는 순간 가장 극심한 불안이 찾아온다. 조급해진 마음은 무턱대고 덤벼들었다가 다시 뒷걸음질 치기를 몇 번이고 반복하게 만든다. 큰 걸음을 떼고 싶다면 지금의 현실에 낙담만 하고 있어서는 안 된다. 변화의 진실을 보지 못하게 눈을 가리고 있는 가짜들을 먼저 비워내야 한다. 부모가 도와야 할 것이 그것이다. 아이의 눈을 가리고 있는 가짜들을 걷어낼 수 있도록 돕는 것. 그릇된 열망과 조급함, 아직은 비현실적인 목표에 집착하는 마음. 그것을 내려놓아야만이 진짜 변화가 찾아온다는 것을 말해주는 것이다.

말끝 손끝이 아니라 마음 끝 바라보기

우리 마음에는 여러 개의 눈이 있다. 보이는 대로 보는 눈이 있는가 하면, 보려고 애써야 보이는 눈이 있다. 진실을 보려는 눈은 보이는 대로 보는 눈 뒤에 가려져 앞을 제대로 보지 못하고 있다가 뒤늦게야 '아까 그게 뭐였지?' 하고 의문을 가진다.

우울이나 무기력에 빠지지 않더라도 사춘기에 들어서게 되면 아이들의 행동과 말은 꽤나 거칠고 예의를 상실하고는 한다. 부모를 대하는 아이들의 태도에는 반항기가 다분하고 비뚤어진 말투로 부모를 대하기 일쑤다. 아이의 말은 억지에 가깝고 맥락 같은 건 필요 없이 '그냥', '몰라'라는 말과 함께 쏟아져 나온다. 어릴 적 내 손을 꼭 붙들고 천진난만한 웃음을 짓던 그 아이는 이제 없다. '어떻게 저 아이가 나에게 이럴 수 있지?'라는 생각에 화가 나는 걸 떠나 서럽고 슬퍼지기도 한다. 왜일까? 왜 논리에도 전혀 맞지 않는 말과 행동으로 아이들은 엄마를 자극하는 것일까?

날카로운 아이의 말끝에 베이면 부모도 상처를 입는다. 아무리 센 척을 해도 부모이기 전에 사람이다. 더군다나 비교할 대상이 없는 사랑하는 존재인 아이에게 입은 상처는 전혀 예상할 수 없던 것이었기에 그 아픔이 더하다. 그런데 놓쳐서는 안 되는 사실이 하나 있다. 아이의 행동과 말에 집착하다 보면 정작 아이가 전하고자 하는 마음의 메시지를 놓칠 수 있다는 것.

사람들은 뭔가를 말해놓고 오해를 받거나 상대방이 속상해하면 '그런 뜻이 아니라'라고 말을 한다. 간발의 차로 버스를 놓친 아이에게 "그러니까 빨리 나가라고 했잖아"라고 말하면 가뜩이나 속상한 아이는 엄마에게 더욱 짜증을 낼 것이다. 처음부터 "버스를 놓쳐서 정말 속상하겠네"라고 말했으면 자기의 마음을 알아주는 엄마의 말에 짜증나고 불안했던 마음이 누그러졌을 것이다. 습관적으로 본래의 뜻을 뒤로 숨긴 채 다른 말을 앞세우는 버릇은 누구랄 것 없이 다 있다. 내 아이도 그렇고 나도 그렇다. 아이의 말과 행동 그 너머에는 분명히 본래의 뜻이 숨어 있다는 것을 기억해야 한다.

전학을 하고 한동안 등교가 수월했던 시기, 그러나 하교 후 쏟아지는 아이의 짜증과 울음은 등교 거부만큼이나 나를 힘들게 했다. 대화라 할 수 없는 뾰족한 말들, 살벌한 눈빛. 그런 아이를 보며 꾹꾹 누르고 있던 감정을 추스르지 못하고 폭발해버리는 나. 그대로 폭탄을 끌어안고 매일 아이와 자폭을 하던 시간들. 말끝에 베인 상처가 칼끝에 베인 상처만큼이나 아프다는 걸 그때 알았다.

'어떻게 나한테 저럴 수 있지? 내가 그래도 엄만데, 어른인데 어떻게 저렇게 함부로 말할 수 있지? 내가 아이를 잘못 키운 것일까?'

하지만 무엇이든 이유가 있기 마련이다. 아이가 교문을 들어서는 순간 나는 안도했지만 아이는 그때부터가 전쟁의 시작이었다. 아이들과 같이 있는 것이 힘들어 점심도 거를 정도로 학교에 있는 시간이 긴장의 연속이었던 아이는 에너지를 다 뺏기고 탈진 상태가 되어 집으로 돌아왔다. 학교에 있는 동안 내내 스트레스 상태에 놓여 있었던 아이는 집에서만큼은 긴장의 고삐를 조이지 않고 편안한 상태에 있고 싶었을 것이다. 그런 과정에서 말과 행동 또한 정제되지 않은 채 쏟아져 나오게 되었을 것이다. 분노한다는 것은 자기가 상처 입었음을 자각했다는 말이기도 하다.

'아, 내가 아픈 거구나. 상처 입은 것이었어.'

상처받은 자는 본능적으로 자기방어에 나선다. 더 이상 자신을 함부로 하지 못하도록 바리케이드를 치려고 한다. 어릴 적부터 순한 줄로만 알았던 아이의 기질은 뒤집어 말하면 감정 표현이 서툴렀다고도 말할 수 있다. 불편함을 감지할 수는 있지만 그것에 대항해 어떻게 자신을 보호해야 하는지는 몰랐던 것이다. 풀어내지 못한 감정들, 예를 들면 느리다는 이유로 매번 들었던 선생님의 질책, 친구들의 핀잔 등등. 상처였지만 그러지 말라고 표현하지 못하고 마음속에 꾹꾹 눌러 놓기만 했던 감정들은 시간이 지나도 사그라들지 않고 있다가 결국은 터져 나오고 말았다.

'이해'의 마음으로 보면 그제야 보이는 것들이 있다. 아이에게 부모는 비빌 언덕이며 언제나 자기 편이길 원하는 대상이고 정서적 지지대이다. 입으로는 부모를 향해 맹렬히 분노를 퍼붓고 있어도 마음으로는 자기의 아픔을 알아봐줬으면 하는 것이다. 시시콜콜 말하지 않아도 지치고 힘든 마음을 기꺼이 받아주는 내 편이 되어주었으면 하는 것이다. 어쩔 수 없이 이리저리 치이며 상처는 입겠지만 그 상처를 들여다봐주고 관심을 가져주는 부모가 있다는 것은 아이에게 든든한 기둥이 된다.

부정적인 아이의 말과 행동에 같이 춤을 추면 안 된다. 아이의 행동 하나하나에 의미를 부여하고 상처가 되는 말을 잡고 서서 곱씹다 보면 내 마음의 상처 외에 다른 것은 보이지 않게 된다. 아이의 마음을 보려는 노력은 점점 힘을 잃고 감정적인 맞대응을 하게 된다.

아이의 말을 곧이곧대로 직역을 하고 받아치게 되면 아이의 짜증 뒤에 숨어 있는 '엄마 나 힘들어요'를 읽을 수 없다. 내 마음을 읽어주지 않는 엄마에게 퍼붓는 아이의 화는 사실 슬픔이고 외로움이다. 자신의 마음을 들여다보지 못하는 부모에 대한 안타까움이다. 부모만은 알아줬으면 하는 약하디 약한 어린아이의 마음이다. 아이가 부모를 시험하기 위해 일부러 그러는 것이 아니다.

그것이 기나긴 동굴 속을 헤매는 것이건 사춘기의 방황이건 간에 궤도를 일탈했던 마음은 언젠가 자신의 본래 궤도를 찾아 돌아가고자 애를 쓴다. 어느 날, 아이가 먼 여행을 마치고 돌아왔을 때 엄마가 지쳐 더 이상 기다리지 않고 그 자리에 없다면 아이는 어떤 마음이 들까?

사춘기 아이와의 관계는 대결이나 기싸움이 아니다. 아이의 행동을 나에 대한 도전이고 버릇 없음으로 바라보면 문제는 점점 꼬이게 된다. 부모는 지시자, 명령을 내리는 자가 아니다. 이제 아이는 내 마음대로 옷을 입히고, 내 말이면 고분고분 따르던 그 옛날의 꼬마가 아니다. 부모는 묵묵히 뒤에서 지켜보고 있다가 아이가 손을 내밀 때 따스히 잡아주고 함께 걷는 조력자일 뿐이다. '이러한 길들이 있어.' 보여줄 수는 있지만 선택은 결국 아이 몫으로 남겨놔야 한다.

부모의 자리는 한결같아야 한다. 힘들고 버겁다고 자리를 떠나서는 안 된다. 한 아이라는 우주를 품은 우리는 더 큰 우주가 되어야 한다. 힘들다고? 고통스럽다고? 걱정 말자. 잘 자란 아이는 부모를 뛰어넘는 더 큰 우주가 되어 다시 나를 품어줄 테니까. 그런 기분 좋은 상상을 하며 버텨보는 것이다. 아이의 철들지 않은 말과 행동에 덩달아 요동칠 게 아니라 언제나 그 너머의 의미를 보면서 말이다. 지금 우리에게 필요한 것은 눈앞의 것을 곧이곧대로 해석하는 직역이 아니라 손끝, 말끝 너머 마음 끝에 다다르려 하는 의역이다.

담대하게 더 담대하게 믿어라

언젠가부터 아이는 세상의 모든 소식에 관심을 끊어버렸다. 누구는 무얼 했다더라, 누구는 뭐가 됐다더라, 누구는 이번에 어느 학교를 갔다더라 같은 평소 알고 지내던 사람들의 이야기에도 관심을 두지 않았다. 시간의 흐름에 따라 자연스러운 것들이 자신의 것이 아니라는 것에 위축되었던 것이었을까.

아이의 마음에 드리운 두려움이 내 눈에는 보이는 듯했다.

'난 제대로 해낼 수 없는 아이야. 내가 하는 건 다 망치고 말 뿐이야.'

무너져버린 자기 신뢰, 결코 그 무엇도 할 수 없다는 생각이 아이 자신을 지배하고 있는 것만 같았다. 애써봤자 결과는 달라지지 않을 거라는 확신은 너무나도 견고해서 섣불리 던지는 위로의 말들은 오히려 역효과를 낳았다.

"괜찮아, 다시 하면 되지. 조금만 용기를 내봐."

위로로 던진 말들은 용기는커녕 마음의 벽돌 하나를 더 쌓을 뿐이었다. 1의 자극도 아이는 10으로 받아들였다. 살아간다는 건 그대로 힘겹고도 위험한 전쟁터라고 느낄 뿐, 아무리 그것이 너의 왜곡된 생각이라 말해도 돌아오는 건 강한 자기부인, 아니면 묵묵부답이었다.

그렇다면 아이는 진짜 자신을 포기하고 세상과의 단절을 생각했을까?

아이의 마음 깊숙한 곳에는 겉으로 보이는 모습과는 반대로 세상 속에서 어울려 살아가고 싶은 강한 열망이 들어 있었다. 누구보다도 잘하고 싶고, 타인에게 인정받고 싶은 마음이 저 깊숙이 아이와 함께하고 있었다.

노력했는데도 결과가 좋지 않을까 봐, 비난받을까 봐, 그래서 또 상처받을까 봐 두려움에 싸인 마음은 왜곡된 생각을 만들어냈고 '나'와 '남'의 경계선을 그어버린 것이다. 그 선택의 결과는 한없는 외로움이었다. 외로움을 선택할 수밖에 없었던 그 마음을 누구도 알아봐주지 않는다면 홀로 우주에 버려진 느낌이 아닐까?

포기를 이야기하는 말과 행동만을 보고 비난하기엔 광활한 우주만큼 쓸쓸한 아이의 마음이 내 눈에 들어왔다. 그 외로움 앞에 나는 어떤 비난의 말도 할 수가 없었다. 이젠 두렵다는 말조차 봉인해버린 입은 투정조차 하지 않았다. 이해받는 것조차 포기하겠다는 강한 자기방어였다.

아이를 도울 방법은 없는 것일까? 벽을 넘어 아이에게로 다가갈 방법은 정말 없는 것일까? 내 힘으로 아이를 움직일 수 있다는 생각은 사실 어리석은 발상이었다. 아이 마음의 주인은 아이이기에 아무리 애가 달아도 나는 기다리는 것밖에는 할 수 있는 게 없었다. 가장 좋은 방법은 그렇다. 잘 기다리는 것이었다.

다행인 것은 시간이 지나면서 아이도 커간다는 것이었다. 어리숙했던 마음은 성숙의 단계로 접어들고 일방통행밖에 없던 생각에는 여러 개의 길이 열렸다. 눈도 두려 하지 않던 바깥세상으로 아이는 서서히 시선을 돌리기 시작했다.

하지만 너무나 길었던 은둔의 시간은 아이의 발걸음을 무겁게 했다. 밖으로 향하고 싶은 마음은 머뭇거림 속에 또 다른 방황을 했다. 스스로 잠갔던 문을 다시 여는 데에는 용기가 부족했던 것이다. 마음을 먹는다고 바로 행동이 나오지는 않는다. 생각에 생각이 더해지고 오랜 숙고 끝에 문 앞에 서고 나서도 한참 머뭇거리는 시간이 또 걸리기 마련이다. 그런 아이의 갈등의 시간을 눈치채지 못하고 조급한 마음에 아이를 부추긴다면 결과는 어떻게 될까?

'넌 할 수 있어, 조금만 용기 내면 돼. 분명히 이번에는 좋은 일들만 생길 거야. 네가 나가기만 하면 돼.'

내 마음이 앞서서 용기를 주기 위해 한다는 말들은 아이에게 또 다른 부담으로 작용하고 말 수도 있다. 답답하지만 이럴 때는 일상적인 대화들로 아이의 마음에 안정감을 실어주면서 아이가 스스로 움직일 때까지 묵묵히 기다려줘야 한다.

그런데 보통은 몇 번이고 밖으로 나가는 타이밍을 아이는 놓치곤 한다. 때를 놓치고 뒤늦은 자책을 하는 아이를 보는 것은 몇 배나 힘든 일이다. 아이가 한심하게 느껴지고 화가 치밀기도 한다. 그 모습에 덩달아 절망하고 나마저 넘어진다면 어떻게 될까?

난 넘어졌었다. 처음에는 어리석게도 아이를 잡고 비난을 퍼부었었고 이후에도 누구에게도 내색하지 않고 몇 번을 넘어졌다가 일어나기를 반복했다.

가장 고통스러운 건 지켜보는 내가 아닌 아이 자신이었다.

번번이 밖으로 나갈 타이밍을 놓치고 더 깊은 자책의 늪으로 빠져드는 아이를 보며 생각했다.

'기다림의 끝을 바라보지 말자. 그냥 오늘만 생각하자.'

"엄마, 정말 죽을 만큼 힘들어요."

중3 어느 날, 아이가 불쑥 내게 말했다. 잔뜩 힘이 들어간 목소리는 시원스럽게 나오지 못하고 음절 하나하나마다 잔뜩 긴장이 묻어 있었다. 그렇다. 아이는 죽을 만큼 힘든 시간 속에 있는 것이다. 아무것도 안 하면서 시간만 허비하고 있는 것처럼 보이지만 그 마음은 엄청난 고통 속에 신음하고 있었던 것이다.

미세하지만 아이는 계속 노력하고 있었다. 부모는 그걸 알아봐주고 인정해주는 마음을 가져야 한다. 아이를 인정하는 마음을 가지게 되면 아이를 대하는 나의 태도가 달라지고 그 마음은 아이에게 다시 모두 전달이 된다. 자기를 믿지 못하고 세상으로 향한 문 앞에서 머뭇거리던 아이에게 그것은 한 발을 내디딜 수 있는 용기의 열쇠가 될 것이다. 그런 아이의 마음을 믿고 받아들이는 순간 하나씩 이루어지기 시작한다.

절벽 끝에 서 있는 듯 아이를 보는 마음은 매 순간이 아슬아슬함일 수 있다. 그러나 나는 생각한다. 그 절벽 끝에 아이를 기다리고 있는 것이 끝없는 낭떠러지만은 아닐 것이라고 말이다. 절벽 끝에 서서 한 발을 앞으로 내민 순간, 아이의 등에서 날개가 솟구치고 푸른 창공을 향해 박차고 날아오를지도 모른다는 믿음, 불가능 안에서 가능성을 보려는 마음이 우리에게는 필요하다. 담대하고도 더 담대하게 아이는 살아날 것이라는 믿음이 내 아이의 등에 날개를 돋게 할 것이다.

잠들어 있는 아이 내면의 빛 깨우기

우여곡절 끝에 아이는 고등학교에 진학을 했다. 이제 더는 물러설 곳이 없다는 생각이 마지막 용기가 되어 아이를 밖으로 향하게 한 것이다. 그러나 세상 밖에서 아이를 기다리고 있는 건 지난 8년의 학습 공백과 당장 성인을 코앞에 둔 암담한 현실이었다. 아무것도 준비된 게 없는 아이가 다시 힘을 잃고 주저앉는 건 아닌지, 그런 아이를 지켜보는 매일매일이 위태롭기만 했다. 이미 목적지를 한참 비켜나 너무 멀리 와 있는 현실을 어떻게 극복해내야 할까. 아이는 좀처럼 가닥을 잡지 못하고 방황을 했고 겨우 밝힌 아이의 빛은 촛불과 같아서 자그마한 바람에도 위태롭게 춤을 췄다.

미래를 생각한다는 것, 그건 설렘이고 희망이다. 하지만 아이에게 미래는 공포였고, 차마 용기 낼 수 없는 두려움이었다. 자꾸만 움츠러들려는 아이를 잡고 나는 한 가지만 약속하자고 했다. 이번만큼은 다시 동굴로 돌아가지 말자고. 갉아먹은 지난 시간들은 분명 아이에게 아킬레스건이지만 그렇다고 미리 포기하지는 말자고. 가능성이 꼭 있어야만 도전하는 것은 아니라고 말이다.

다시 할 수 없다는 잘못된 믿음이 아이 마음속에 더 뿌리 내리기 전에, 아이의 영혼이 더 깊은 어둠 속으로 빨려 들어가기 전에 어떻게 해서든 아이를 일으켜 빛으로 끌고 나와야만 했다.

모든 사람이 멈춤 없이 달리는 것처럼 보이지? 아니야.

꾸준히 달리는 사람은 많지 않아. 속도는 생각하지 말자.

이 길 저 길 쑤셔볼 시간은 없지만 방향만 잡는다면 우선 그 길로 접어들어보는 거야.

그렇게 가다 보면 또 방법이 나타나게 되어 있어. 중요한 건 우선 출발하는 것이지 속도가 아니야.

흔들리는 건 당연한 거야. 그건 너만이 그런 게 아니라 사람이라면 누구나 그래.

완벽하지 못할 것이라는 두려움, 미완성의 두려움, 실패할 것이라는 두려움, 시작하는 것에 대한 두려움….

이런 두려움이 다시 창조되려는 너의 인생을 가로막도록 두지 말자.

'두려움'을 치료하는 방법은 바로 너 자신을 믿고 사랑하는 것에서 시작하는 거야.

엄마가 누누이 말하지만 너는 이미 그 자체로 충분해.

너를 외면하지 말고 제대로 바라봐줘.

존재한다는 것만으로도 너는 사랑받을 이유가 충분해.

그런 너를 너 자신이 가장 먼저 사랑해줘야 해.

살다 보면 내가 가려던 목적지가 아니라 다른 곳으로 가는 열차에 올라탈 수도 있어.

그런 일은 살다 보면 얼마든지 일어날 수 있는 해프닝이야.

하지만 괜찮아.

잘못 탔다는 걸 알았으면 다음 역에서 내려 목적지행 열차로 갈아타면 그만인 거야.

조금 돌아가더라도, 시간이 걸리더라도 결국 목적지에 다다르게 되어 있다는 게 유일한 진실이야.

마음은 선택하는 거야.

내가 입고 싶은 옷을 고르듯 감정도 선택하는 거야.

어차피 우울하고 아무것도 하고 싶지 않다면 그냥 선택하자.

부정적인 생각보다는 긍정적인 생각을.

잠시 잠깐 나를 즐겁게 해줄 수 있는 소소한 것들을 찾아보고 느껴보자.

지금 네가 연 문이 들어가는 문일 수도 있고, 나가는 문일 수도 있어.

중요한 것은 문턱을 넘는 거야.

삶을 꾸려나가는 건 결국 자기가 한 선택들의 총합이다. 내가 이 세상을 어떻게 인식하고 있느냐, 어떤 시각으로 바라보고 그걸 어떻게 해석하느냐에 따라 각기 다른 삶의 모양을 만들어간다.

아이에게 가장 영향력을 줄 수 있는 사람은 아이 자기 자신이다. 누구의 말보다도 아이 스스로에게 어떤 말을 하고 있는지 그것이 중요하다.

감정은 빼고 쿨함은 채우고

은둔형 외톨이를 둔 부모들의 고민 중 하나는 다른 형제자매들에게 그 영향이 가지 않을까 하는 것이다. 내게도 은둔하는 큰아이 아래로 두 아이가 더 있다. 학교에 가지 않고 집에만 있는 오빠가, 형이 있다는 것은 어떤 느낌일까. 언젠가 딸에게 그것에 대해 물어본 적이 있다. 아이는 의외의 대답을 해주었다. 오빠가 학교를 자주 빠진다는 것은 알았지만 그것에 대해 그리 심각하게 생각해본 적이 없다는 것이었다. 이유를 물어보니 엄마인 내가 심각해 보인 적이 없었기 때문에 자신도 그것에 대해 깊이 생각해본 적이 없었다는 대답이었다.

아이들이 등교와 등원을 하고 난 후 치러지던 엄마의 사투를 아이들은 다행히 눈치채지 못하고 있었다. 큰아이를 등교시키기 위한 피 말리는 시간, 그 안에서 흘렸던 눈물의 흔적들을 동생들은 본 적이 없었던 것이다. 큰아이로 인해 하루에도 수십 번 지옥을 오가던 감정들을 다른 아이들이 혹여라도 눈치챌까 나는 무던히도 애를 썼다. 고통에 짓눌려 참기 힘들었던 순간에는 베개에 얼굴을 묻고 소리죽여 울기도 많이 울었다. 그렇게 용케도 나는 아이들에게 들키지 않고 그 시간들을 잘 넘겨왔었나 보다.

큰아이에게서 생겨난 우울하고 힘든 감정이 다른 아이들에게 옮겨지지 않도록 나는 철저히 나 자신을 다스렸다. 힘든 마음이 혹시라도 동생들에게 화풀이로 나올까 조심하고 또 조심했다. 해소를 하더라도 그 대상이 절대로 동생 둘이 되어서는 안 되었다. 큰아이와 동생들은 다른 존재이기 때문이다. 그 아이들은 그 아이들의 행복한 시간을 누릴 권리가 있었다. 큰아이와의 감정 교류와 별개로 둘째, 막내는 엄마와 따뜻한 정서 교류를 가져야 하고 그것을 지키기 위하여 나는 노력하고 또 노력했다. 그래서인가. 다행히도 동생들은 큰아이의 등교 거부와 자퇴에도 큰 영향을 받지 않고 각자의 생활을 잘 해나가고 있다.

생각과 감정이 어떠한 것이건 간에 그것을 표출하는 방식은 매우 중요하다. 내가 아이들에게 느낀 대로 모든 감정을 날 것 그대로 표현했다면 지금쯤 우리 가정은 어떻게 되었을까. 또 큰아이는 어떻게 되었을까. 무거운 것을 무겁다고 말하면 들기도 전에 힘이 빠졌을 것이다. 너무 힘든 경우에는 애써 웃으려는 여유가 필요하다. 그것처럼 나는 힘든 순간에 더 여유를 가지고자 애를 썼다. 또 아무리 좋은 메시지도 지나치게 감정적으로 표현하면 아이는 그 감정만을 보느라 정작 메시지는 뒤로 물러나게 된다.

부모 또한 아이와 진실한 대화를 원한다. 그리고 아이들이 자신들의 말을 충분히 수용해주기를 원한다. 좋은 메시지는 당연히 중요하지만 그 메시지를 전하는 말투와 표정이 얼마나 중요한지를 놓치는 경우가 많다.

아이와 오해 없는 대화를 하기 위해서는 감정을 덜어내야 한다. 담담한 듯 그러나 무게감 있게, 상냥한 듯 그러나 진중하게. 이야기할 때는 아이의 눈을 바라보고 아이의 말을 중간에 끊지 않고, 끝까지 들어주는 표정에는 살짝 옅은 미소가 함께해야 한다. 미소가 지어지지 않을 때는 애써 대화를 시도하지 않는 게 낫다. 아무리 숨기려 해도 표정에는 모든 게 나타나기 때문이다. 아이들은 엄마의 숨소리 하나에서 모든 걸 읽는다. 그러니 격양된 감정이 추슬러지지 않았을 때에는 애써 대화를 하지는 말자.

부모의 말투와 표정은 어떤 감정 상태이건 일관되며 안정감 있어야 한다. 무심한 듯하지만 아이는 부모의 감정을 살피고 있다. 부모의 표정 하나하나가 아이를 자극하는 요소가 된다. 안정감 있는 부모의 정서 표현은 아이의 마음을 편안하게 해준다.

은둔하는 아이와 대화할 때는 바로 '오늘'에 집중하는 대화가 더 낫다. 딱 지금 해결해야 할 문제만을 주제로 이야기를 하는 것이다. 먼 미래의 막연함을 부추겨 숨 막혀 옴짝달싹 못하게 만들지 말고 지금, 여기 눈앞의 상황에 집중하며 하루하루를 해결해나갈 수 있도록 유도하는 게 더 낫다. 대화는 심각하지 않게 가볍고도 길지 않게 간단한 안부 정도로 끝내야 아이를 자극하지 않는다.

'널 믿어.'

'엄마가 어디까지든 기다릴게.'

의미를 둔 말도 무기력이 심한 상황에서는 오히려 좌절감을 키운다. 지금 나는 할 수 없는데 자꾸만 믿는다는 말은 아이에게 큰 압박감으로 다가갈 수 있는 것이다.

과한 칭찬도 아이에게 부담을 안겨줄 수 있다. 칭찬은 어떤 결과에 대한 피드백이다. 결과값이 주어지지 않더라도 아이 존재만으로도 줄 수 있는 격려의 말이 더 낫다. 아이가 집안일을 도와줄 때가 있다. 그럴 때는 '고마워'보다는 아이가 도와줘서 엄마가 한결 편해졌음을 이야기해주는 것이 좋다. 아이가 우리 가족에게 도움이 되는 존재임을 부각시켜주는 것이다.

콕 박혀 지내기만 하는 아이지만 뭔지 모를 변화의 분위기를 보일 때가 있다. 그럴 때 조급한 마음에 아이를 끌어내려고 잡아당기면 아이는 다시 들어가버리고 만다. 진짜 나오고자 할 때는 아이가 신호를 준다. 그때 차분히 아이와 대화를 하며 어떻게 도와주면 좋을지 진지하게 물어보면 된다.

은둔하는 아이를 대할 때면 자신도 모르게 아이에게 모든 걸 맞추려 하게 된다. 화살처럼 내리꽂히는 말들을 모두 받아내며 참으려고만 한다. 그건 아이의 마음이 더는 힘들어지지 않기를 바라는 지극히 당연한 부모의 마음일 수 있다. 하지만 아이에게 필요한 것은 부모가 감정 쓰레기통이 되어주는 게 아니라 그 감정을 잘 해소할 수 있는 법을 가르쳐주는 것이다.

좋은 관계를 가진다는 건 어느 한쪽의 희생을 통해 얻어지는 게 아니다. 첫 단추를 누군가는 끼워야 하는데 그것이 아이이기는 힘들다. 부모가 먼저 다가서되 희생하는 모습은 아니어야 한다. 견디는 관계는 진실되지 않다. 온전히 상대방을 있는 그대로 수용하겠다는 자세는 중요하지만 계속 공격을 받으면 내 마음에서 진실은 사라지고 억지스럽게 참는 고통만 남게 된다.

'너와 잘 지내고 싶어. 하지만 내 마음도 소중해. 너도 존중하는 마음으로 나를 대해줄 수 있겠니?'

이중 언어가 아닌 진솔한 나의 마음을 전하는 모습을 통해 아이도 어떻게 감정을 표현하는지 배우게 되는 것이다.

생각과 감정은 때로는 구분이 되지 않는다. 두 개가 뒤엉키게 되면 눈앞의 상황은 객관성을 잃고 판단력을 흐리게 한다. 아이는 내가 통제할 수 없는 대상이다. 아이를 바꾸겠다고 마음을 먹으면 끝없는 충돌은 당연한 것이 된다.

아이를 바꾸겠다는 마음은 내려놓고 언젠가는 변화가 온다는 믿음을 가지고 기다려야 한다. 나 자신을 다스려 마음의 변수를 최소화하고 한결같은 기다림을 유지해나가는 것이 아이의 변화를 이끄는 중요한 열쇠가 된다. 감정은 냉철하게 다루되 문제 상황은 돌아서 가지 않고 직면해야 해결에 이를 수 있다.

4장

아이의 방문 밖에서 깨달은 것들

튼튼한 뿌리가 된다는 것

처음 '엄마'가 되었을 때 느낀 감정은 뭐라 표현하기 힘든 어색함이었다. 새 생명의 탄생으로 사랑과 감동의 폭죽이 가슴에서 팡팡 터질 줄 알았는데 그것도 찰나, 곧 감동보다는 어색한 낯섦 그리고 불안함이 몰려왔다.

세상에 나와 아기만이 남겨진 것 같은 공포, '엄마'가 되었다는 기쁨보다는 아기를 제대로 돌봐야 한다는 부담감이 마음을 짓눌렀다. 과연 내가 이 아기를 잘 키울 수 있을까? 나 때문에 다치면 어떡하지? 나 때문에 아프면 어떡하지? 혹시라도 잘못되면 어떡하지? 과연 내가 엄마 역할을 잘할 수 있을까? 끝없이 이어지는 걱정과 염려들. 그런 마음들은 아이를 낳는 순간부터 세상이 온통 아이를 중심으로 돌아가게 만들었다.

혹시라도 아이가 잘못될지 모른다는 걱정은 완벽한 육아를 추구하게 만들었다. 아이의 모든 것이 숙제였고 그 숙제를 풀기 위해 매일 고군분투했다. 신체 발달이 연령에 맞게 정상적으로 이루어지고 있는지, 인지 지능에는 문제가 없는지 살피고 또 살폈다. 아이 입으로 들어가는 것 하나하나 정성을 들이고 놀잇감 하나, 책 한 권도 대충 고르는 법이 없었다. 아이에게 좋은 자극을 주기 위해 주말이면 야외로 나들이를 가고, 동물원이며 박물관이며 문화센터로 체험이 있는 곳이라면 어디든 찾아갔다.

아이가 기관에 다니는 나이가 되자 신체적, 정서적 발달뿐 아니라 학습에 대한 욕심도 생기기 시작했다. 아이도 배우는 것에 저항이 없었고 잘 흡수하는 편이었다. 시간이 지나자 레벨이 올라가고 이것저것 과목이 조금씩 늘어나기 시작했다. 일찍이 한글을 스스로 떼고 놀라운 언어력을 보여주는 아이였다. '잘 키우고 싶은 마음'이 조금씩 커져가며 아이에 대한 욕심도 따라 커져가기 시작했다.

'이것도 해야 해, 저것도 해야 해.' 부족함은 한도 끝도 없이 눈에 들어왔고 그 공간을 채우겠다고 갈수록 아등바등했다. 어릴 적 아이라면 엄마가 이끄는 대로 따라와줄지 모르지만 아이도 결국은 지치는 때가 온다. 자기 상태를 아랑곳하지 않고 앞에서 계속 잡아당기고만 있는 엄마에게 끌려가지 않고 아이가 버티는 때가 오게 되는 것이다.

'잘 키우고 싶다.'

이 생각 자체가 아이를 망치게 하지는 않을 것이다. 아이를 망치게 하는 건 이 문장 안에 들어 있는 부모의 불안과 두려움, 그리고 그 밑바탕에 깔려 있는 부모 자신의 인정받고 싶은 욕구다. 아이를 잘 키움으로써 타인에게 듣는 칭찬과 부러움은 심리적 보상을 선사하고 관심과 칭찬은 부모의 자부심이 된다. 아이라는 존재는 나를 대신하여 내가 이루지 못한 욕구를 실현시키는 존재가 아님에도 불구하고 부모는 무의식적으로 아이를 통해 자신이 인정받고자 하는 마음을 풀어내게 된다.

결핍이 있는 부모는 아이를 통해 자신의 결핍을 채우려 한다. 부모가 가진 내면의 허기는 내 아이를 잘 키움으로써 보상받고 싶다는 무의식의 작용을 만들고 그것을 충족하기 위해 아이를 자기 뜻대로 휘두르려 한다. 허약한 내면을 가진 부모가 아이를 힘들게 하는 이유가 그것이다. 아이는 아이로서 존재하는 것이지 나의 욕구를 대신 해결해주는 대상이 아니다.

모두 아이를 위한 것이라고 스스로 믿고 있지만 찬찬히 들여다보면 그 안에는 인정받지 못한 부모의 욕구가 들어 있다. 그리고 더 들어가다 보면 부모의 치유되는 않은 상처가 그 안에 들어 있다.

아이의 문제 상황은 부모인 나를 뒤돌아보게 하고 나의 내면으로 들어가 나를 정돈하는 시간을 제공한다. 제대로 크지 못한 채 어릴 적 어느 지점에 멈추어 있는 내면의 성장이 다시 이루어지게 돕는다. 부모라는 한 사람이 자식이라는 또 하나의 우주를 창조해나가는 과정은 '나'를 키움으로써 제대로 의미를 발견하고 되찾아가게 된다.

대한민국에는 지역별, 주제별 수많은 육아 커뮤니티가 존재한다. 요즘은 특히 아이 발달 관련 질문들을 심심치 않게 볼 수 있는데 눈여겨볼 점은 영유아기의 신체 발달보다도 학령기의 아이들과 사춘기 아이들의 심리적 어려움을 토로하는 글들이 유독 많이 눈에 띈다는 점이다. 등교 거부나 무기력증, 게임 중독 같은 문제로 부모들은 아이에게 적절한 심리

상담센터와 병원, 심리 검사나 약물에 관한 정보들을 주고받는다.

우울증, 불안장애, 무기력, 강박이나 틱 증상은 이제 일부 아이들의 이야기가 아닌 많은 아이들이 겪고 있는 어려움이 되었다. 코로나 시기의 범사회적 불안은 어른들뿐만 아니라 또래들과 어울리지 못하고 고립된 생활을 한 아이들에게도 큰 타격을 주었다. 그중에서도 스마트폰 과몰입이나 게임 중독에 대한 문제는 매우 심각한 수준이 되었다. 근본적인 치료를 하기 위해 부모들이 백방으로 노력하지만 흐트러진 아이들의 생활을 바로잡는 건 결코 쉬운 일이 아니다. 오랜 시간 등교 거부와 은둔 생활을 한 아이를 키우면서 확실히 깨달은 것이 있다. 아이를 변화시키기 위해서는 아이에게 초점을 두어서는 안 된다는 것이다. 아이를 변화시키기 위해서는 부모가 먼저 변해야 한다.

내가 가장 많이 받는 질문은 어떻게 그 긴 시간을 버틸 수 있었느냐는 것이었다. 그럴 때마다 나의 답은 한결같았다.

"자기의 내면을 들여다보고 과거 상처 입은 마음을 치유해 주세요."

즉 부모의 내면을 돌보라는 이야기였다. 과거에 치유하지 못하고 묵혀둔 마음의 상처가 있다면 그것부터 치유하자. 부모의 경험과 감정은 그만큼 힘이 세다. 내 아이의 문제에 손대기 이전에 부모의 마음부터 돌보고 치유를 하게 되면 긍정적인 영향이 내 아이에게 가게 될 것이다. 아이는 외부 세계로 내가 조종한다고 변하는 대상이 아니다. 그러나 내가 변한다면 아이 또한 긍정적인 변화를 보일 수 있다.

내면이 튼튼한 부모는 쉽사리 아이를 흔들지 않는다. 뿌리가 튼튼해야 거센 폭풍우가 몰아쳐 가지가 부러지고 이파리를 떨구더라도 다시 살아나 새순을 틔울 수 있고 꽃을 피울 수 있다. 아이는 부모의 등 뒤에서 부모가 세상을 바라보는 법을 배운다. 그리고 세상을 살아가며 맞닥뜨리는 수많은 변수를 어떻게 대하는지 배우게 된다. 아이라는 거대한 우주를 키우는 일은 나부터 크고 튼튼한 나무가 되어야 가능한 일인 것이다.

내가 아이에게 해줄 것은 일관성 있게 이 자리에서 버텨주는 것. 그러면서 정서를 토닥여주고 감정을 읽어주고 아이의 욕구를 이해하는 것이다.

부모는 아이에게 세상에서 가장 웅장하고 거대한 나무다.

'관계'의 바탕이 되는 것

'관계'가 아이의 문제를 해결하는 마스터키라는 것은 알았다. 그런데 어떻게 관계를 개선한다는 것이지? 좋다는 방법은 듣는 대로 모두 적용을 해보았다. 감사요법, 감정일기, 매일 아이와 허그하기, 아이 하는 대로 놔두고 간섭 안 하기.

식탁 위는 늘 온갖 심리학 책과 육아서들로 산을 이루었다. 남들의 경험, 전문가들의 지식이 나에게는 절실했다. 내 마음은 그렇지 않더라도 책에서 일러주는 대로 말하고 그리해야 한다고 일러주는 행동들을 열심히 따라했다. 그러나 모든 것이 헛수고였다. 아이는 조금도 변하려 들지 않았다.

아이가 중1이던 그때, 12월의 어느 날이었다. 출석일 마지노선 3일을 앞두고 나는 극도의 스트레스 상태에 있었다. 도저히 아이에게 좋은 마음이 들지 않았다. 새벽부터 아이의 등교 여부에 신경이 곤두서 있었다. 새벽 3시, 불이 켜져 있는 아이의 방을 보니 화가 치밀어 올랐다.

'또 밤새 폰을 하고 있구나.'

가슴이 답답하고 분노가 올라왔다. 아이에게 어서 자라고 말하고 싶은 생각조차 들지 않았다. 나는 어두운 거실에 앉아 계속 아이의 방을 주시했다. 불이 꺼진 건 새벽 5시였다. 당장이라도 방문을 부수고 들어가 아이를 잡고 흔들어 깨우고 싶은 심정이었다. 나는 터져 나오려는 분노를 다스리기 위해 호흡을 가다듬으며 아침이 오기를 기다렸다.

아이는 역시나 일어나지 않았다. 아침부터 시작된 등교 전쟁은 오후가 되어서야 겨우 아이가 일어남으로써 끝이 났다. 터질 것 같은 화를 억지로 참느라 그랬는지 편두통으로 머리가 깨질 듯 아팠다. 속도 울렁거려 도저히 서 있을 수가 없었다. 아이의 어려운 등교 전쟁을 마치고 난 다음 나는 자리에 누웠다. 이젠 눈물도 나오지 않는 나 자신에 기가 막혔다.

등교했던 아이는 채 1시간이 안 되어 돌아왔다. 단 1교시도 수업을 듣지 않고 돌아온 아이에게 나는 참았던 분노를 터뜨리고 말았다.

무슨 말을 쏟아냈을까. 잘 생각나지 않지만 또렷이 기억나는 건 슬픈 눈으로 나를 바라보며 아이가 했던 말이다.

"기다려준다면서요."

화가 채 가시지 않은 나는 그 말에 미안함보다는 족쇄라는 느낌이 들었다. 해도 해도 너무하다는 생각밖에 들지 않았다. 내가 자기를 위해서 얼마나 많은 노력을 하는데 정작 아이는 조금도 노력을 하지 않고 내 탓만을 하는 것 같아 억울했다.

다음 날, 아이는 병원 예약을 부탁했다. 가장 빨리 진료가 되는 동네 신경정신과를 예약했다. 진료 대기를 하며 아이와 나는 아무 말도 하지 않았다. 진료를 마치고 나온 아이는 처방받은 약을 들고 앞서 걷고 있었다. 그 뒷모습이 너무나 왜소했다. 훤칠하게 큰 키가 아이의 앙상한 몸매를 더욱 도드라져 보이게 했다.

"엄마, 약 먹고 등교할 테니까 걱정 마세요. 그리고 잠자는 약도 들어 있으니까 폰도 많이 안 할 거예요."

아이는 그날로부터 방학이 될 때까지 지각과 조퇴로 이어갔지만 결석만은 하지 않음으로써 1학년 유급을 면했다.

방학식이 있던 날부터 아이는 꼬박 3일을 아무것도 먹지 않고 잠만 잤다. 굳게 잠긴 아이의 방을 보며, 식탁 위의 책들을 보며 나는 생각했다. 내가 생각한 '관계'의 회복은 무엇을 위한 것일까. 나는 무척 노력한다 여겼는데 여전히 나를 바라보는 아이의 표정이 밝지가 않다. 무엇이 잘못된 것일까.

결국 내가 원한 것은 아이의 등교였다. 그러니까 '관계' 개선은 곧 등교라는 등식을 머릿속에 넣고 늘 아이를 대했던 것이다. 그것을 아이도 느끼고 있지 않았나 싶다. 그래서 그런 쓸쓸한 표정으로 약까지 처방받으며 등교를 해주었던 것이다.

아이의 등교를 위해 무엇을 한다는 생각 자체가 잘못된 게 아닌가라는 생각이 들었다. 아이를 위한다는 생각 뒤에는 아이의 등교를 위해, 아이가 공부를 할 수 있게 하기 위해, 아이가 정상적인 생활을 하게 하기 위해라는 내 속마음이 숨겨져 있었다.

애당초 첫 단추가 잘못 끼워졌다는 걸 나는 깨닫게 되었다. 아이를 위한다고 생각한 그 모든 것들은 사실 나의 욕심이 기저에 깔려 있었던 것이다. 진정 내가 바라는 것은 아이가 자신의 삶을 놓지 않는 것이었다. 자신의 삶에 의지를 가지고 사랑하는 것이 내가 바라는 전부라고 여겼던 게 불과 얼마 전이었다.

'아이를 끌어안으려면 내 마음이 넉넉해지는 게 먼저이구나. 그런데 왜 이렇게 내 마음은 흔들리는 것일까.'

놓친 것이 있었다. 내 마음이 입은 상처, 나는 그것을 방치하고 있었다. 치유받지 못한 마음은 같은 상황이 되면 다시 건드려지고 그것이 다시 아이를 찌른다는 것을 깨달았다. 그러니까 내가 먼저 해야 할 것은 아이가 아니라 '나'였다.

'나부터 사랑하자. 아이를 위한 모든 것도 내가 나 자신을 사랑하게 돼야 진정성이 생기는 것이다. 무언가를 계속 노력해도 허기가 사라지지 않았던 이유는 내가 텅 비어 있었기 때문이야.'

그날로부터 나는 아이와의 관계를 떠나서 '무엇을 위해서'라는 생각들을 모두 접고 나 자신을 돌보는 데 집중하기 시작했다. 아이를 위한 책들을 치우고 내가 읽고 싶은 책을 읽기 시작했다. 그동안 해보고 싶었지만 아이를 지키느라 하지 않았던 것들을 생각하고 소소하지만 하나씩 해나가기 시작했다. 누구의 엄마가 아닌 '나'로 살기 시작했다.

내면아이 치유와 모닝 페이지

'왜 내 아이는 다른 아이들과 다른 걸까. 동굴에서 영영 안 나오면 어떡하지? 성인이 된 아이를 언제까지 책임져야 할까? 저렇게 낙오자로 계속 살아가는 걸까?'

생각의 악순환에서 벗어나기 위해서 가장 중요한 것은 나의 감정을 다스리는 것이었다. 내가 의지해야 할 것은 바로 내가 느끼고 있는 감정, 나의 느낌이었다. 생각을 아무리 긍정적으로 해보려고 해도 내 감정이 그걸 허락하지 않으면 마음에 저항이 생겼다.

가장 어리석은 것은 지나온 과거를 후회하며, 아직 오지 않은 미래를 걱정하는 것이다. 오랜 시간 나는 그렇게 시간을 허비하며 지내왔다. 아이는 아이대로 정체되어 있었고 나 또한 굴 속에 들어가 잔뜩 웅크리고만 있었다. 현실 감각은 점점 희미해져갔고, 아이 돌봄은 물론 나 자신마저 휘청댔다. 내가 흔들리는데 어떻게 아이를 일으켜 세울 수 있을까. 그런 나 자신에게 분노하며 나는 어쩔 줄을 몰라 했다. 그때 우연찮게 한 권의 책을 알게 되었다. 줄리아 카메론의 『아티스트 웨이』.

부모가 아이에게 물려줄 것은 '선택'하는 법이다. 부정적인 감정에 묶여 허덕이는 모습이 아니라, 그럼에도 불구하고 긍정을 '선택'하는 용기를 보여주는 것이다. 나와 화해를 하며 감정을 어떻게 해소하는지 몸소 보여주는 것이다. 나의 부정적 경험과 묵은 감정이 해소가 된다면 그 치유의 과정조차 아이에게는 좋은 본보기가 될 것이다.

우리 내면에는 모두 '내면아이'가 살고 있다. 우리가 과거로부터 지금까지 경험한 모든 것은 어떤 인상이나 감정으로 기억에 저장되기 마련이다. 그중에는 기쁜 기억도 있지만 제대로 치유받지 못한 기억도 존재한다. 이 내면의 상처들이 인상과 감정의 형태로 나타나는 소인격체가 '내면아이'이다. 내면아이는 감정적이라 하는 짓이 아이와 같다. 그래서 '내면아이'라고 부른다. 이 내면아이와 화해하고 그 마음을 치유해주는 게 나 자신을 사랑하게 되는 핵심이다. 즉, 내면아이를 치유해주는 과정이 나 자신을 돌보고 사랑하는 과정이 된다. 나를 사랑하게 되는 순간 내 앞의 현실은 변화를 맞이하게 된다. 변함 없는 현실이지만 그 현실을 담는 내 마음의 그릇이 모양을 달리하게 되기 때문이다.

내가 내면아이를 치유한 방법은 『아티스트 웨이』에서 제시하고 있는 모닝 페이지였다. 모닝 페이지는 아침에 일어나 글을 쓰는 것이다. 이 글쓰기는 일기나 감사일기와는 다르다. 무의식에 존재하는 나의 생각과 감정을 꺼내는 과정으로 '아, 내 마음이 이러했구나'를 깨우쳐가는 과정이라고 할 수 있다. 지금 현재 나 자신을 어떻게 사랑해야 하는지 갈피를 못 잡고 있는 당신이라면 이 방법을 추천한다.

내면아이를 대면하는 것은 마냥 기쁜 일만은 아니다. 나의 상처가 건드려지고 그렇기에 때로는 마주 볼 용기가 나지 않아 도망치고 싶기도 할 것이다. 그러다 보면 다시 모닝 페이지와 멀어지게 된다. 하지만 기억하자. 나를 사랑해야 내 삶에 변화가 온다. 모든 변화에는 용기가 따른다. 모닝 페이지를 꾸준히 씀으로 인해 내면의 치유는 물론 감정적 자유의 단계에 다다를 수 있게 될 것이다.

내면아이를 통한 자기 치유의 과정은 꺼져가던 세상의 빛을 다시 밝히는 아주 중요한 작업이었다. 내면아이와의 소통은 나 자신이 진정 원하는 것이 무엇인지를 볼 수 있게 해주었다. 매일 아침 글을 쓰는 과정은, 남들을 의식해서 만들어낸 '가짜 나'를 놓아주고 '진짜 나'가 원하는 것이 무엇인지를 알아가게 해주었다.

막혔던 감정에 물길이 나고 진짜 나의 이야기를 쏟아내게 되면서 세상을 바라보는 시야가 트이고 마음에 여유가 찾아왔다. 타인의 시선에 갇혀 나를 짓눌렀던 마음으로부터 벗어나 더 나답게 그리고 내가 원하는 대로 살아보겠다는 용기가 생겼다.

그렇게 얻은 마음의 변화들은 동굴 속에 있는 아이를 좀 더 여유롭게 바라볼 수 있게 해주었다. 세상의 기준과 속도 따위는 더 이상 중요한 게 아니었다. 중요한 건 내 아이의 시간이다. 모두가 같은 속도로 달릴 수 없다는 걸 알면서도 차마 놓지 못했던 미련을 나는 순순히 마음에서 떠나보낼 수 있었다.

글을 쓴다는 것은 덧없이 흐르다 흩어지는 생각들을 잡아서 곱씹고 깊이 들여다보며 그 안의 해결되지 않은 묵은 감정들을 닦아내는 것이며 내 삶에 불을 다시 밝히는 일이었다. 문제의 답을 찾으려면 우선은 깊이 들어가야 한다. 생각만으로는 깊이 들어가는 데 한계가 있다. 해결점을 찾기 위해서는 어느 정도 파고 들어가는 노력이 필요하다. 글쓰기는 나를 향한 깊은 파고듦이자 답을 캐내는 곡괭이였다.

다시 생명을 찾는 일은 결코 쉬운 일이 아니었다. 하지만 일단 살아나면 나뿐만 아니라 누군가를 살려내는 힘을 얻는다. 글쓰기로 이루어지는 단순한 루틴을 반복하면서 나는 나를 살려냈다. 그리고 마음 가득 내 아이를 품었다.

아픈 현실 앞에 나를 방치하지 말자. 아이의 고통 앞에 나 또한 같이 울고만 있지 말자. 아이의 시간은 시간대로 나의 시간은 또 흘러가야 한다. 나의 삶도 이 생애 단 한 번 주어진 기회이다. 그 시간을 아파하는 데에만 내어주기에는 삶이 너무 소중하지 않은가.

우리는 1인칭의 삶을 살아야 한다. '가장 이기적인 것이 가장 이타적이다'라는 말도 있다. 나를 먼저 돌보자. 나만을 위한 시간을 만들고, 나만을 위한 질문을 하자. 내가 우뚝 설 수 있는 힘이 있어야 주저앉아 있는 아이를 들어올릴 수 있다.

내 귀가 내 마음결이 순해지는 순간,

시시때때로 곧추섰던 가시가 결 가지런히 눕게 되는 순간,

온 우주에 평화가 시작된다.

그렇기에

나를 먼저 돌보려 한다.

'너'보다 '나'려고 한다.

결코 이기적이지 않은 습관이다.

점 하나의 위력

아이에게서 전화가 걸려온 건 9시 20분, 부산으로 향하는 열차 시간을 10분 남겨둔 시점이었다.

"엄마, 개찰구를 빠져나가야 하는데 카드 인식이 안 돼요."

아이 특유의 건조한 말투 속에 초조함이 느껴졌다. 계획한 대로 되지 않으면 당황하고 머리가 하얘지는 아이이다. 순간 나도 당황하여 "어떡해"라는 단어가 튀어나올 뻔했다. 개찰구 옆에 호출 버튼을 눌러 직원과 통화하라고 일러주고 얼른 전화를 끊었다. 침착함을 잃지 않으려는 엄마의 마음이 들킬세라.

아이가 향하는 목적지는 부산 국제게임전시회장이었다. 3D 아트 쪽으로 관심이 많은 아이는 게임 콘텐츠 관련 작업에도 호기심이 많다. 혼자 이 도시 밖을 나가본 적이 없는 아이였다. 더구나 공황 증세가 있는 아이에게 대중교통 이용은 쉽지만은 않은 일인데 꿈이 아이를 움직이게 한 것이다. 이후 잘 도착했다는 짧은 통화가 한 번 더 있었고, 궁금한 엄마의 성화에 초점 잃은 사진들을 무작위 전송하는 것으로 아이는 자신의 무사함을 알렸다.

꿈꿔라.
꾸고, 꾸고 또 꿈꿔라.
마치 이루어진 것처럼.

아이에게 교실은 진공 상태의 공간, 아무것도 보이지 않고 아무것도 들리지 않는 그런 곳이었다. 그저 엄마의 걱정을 덜어주기 위해 악착같이 버텨야 하는 공간일 뿐, 여전히 두려운 곳이었다. 최소한 중학교 졸업을 하기 위해 온 힘을 다해 버텼다는 걸 알았기 때문에 아이에게 더더욱 공부를 기대한다는 건 어려운 일이었다.

공부의 기본이랄 게 없던 아이는 고2가 되던 해, 자퇴를 하고 그후 1년간 부단히도 노력을 했다. 그 결과 자기 나이에 맞는 학년 수준으로 성적을 끌어올릴 수 있었고, 대입도 생각하게 되었다. 표현은 안 했지만 공부를 통해 아이가 자신감을 얻은 것은 분명해 보였다.

그러나 아이는 고민했다. 대입 공부에 몰입해서 원하는 대학에 가서 누구나 희망하는 직업을 가질까 하는 생각과 자신이 정말 하고 싶은 것을 해볼까 하는 선택 사이에서 갈등하기 시작한 것이다. 아이가 생각하기에 자신이 원하는 꿈의 분야는 굳이 대학을 가지 않고 얼른 실력을 쌓아 실전에 돌입하는 게 경쟁력이 있다고 생각하고 있었다.

분명 하고 싶은 게 있는데 대학을 가고자 하면 모든 시간과 노력을 입시 공부에 쏟아야 하니 아이는 심란하고 집중력도 떨어지기 시작했다. 걱정이 많아지자 불안도가 다시 슬슬 높아지는 게 보였다.

'사람은 생각보다 타인에게 관심이 없어. 해야 할 것 같은 일이 아닌, 네가 원하는 것을 찾고 그 일을 하는 거야.'

늘 세상에서 비켜나 구경꾼처럼 살아왔던 아이는 남들처럼 살고 싶다는 열망이 컸다. 그래서 대학을 목표로 했고, 엄마인 나도 바라지 않는 그럴싸한 직업들을 꿈꾸었다.

지난 8년간 세상 속에 섞이지 못하고 혼자만의 동굴에서 사는 아이를 바라보며 내가 알게 된 사실이 있다. 부모가 걱정해야 할 것은 공부를 못 하는 것도 아니고, 대학을 못 가는 것도 아니다. 진정 걱정하고 마음 아파해야 하는 것은 '하고 싶은 게 없는' 것이다.

대학이 아니어도 세상에는 높이 날 수 있는 활주로가 얼마든지 많다는 것을, 변화의 속도가 빠른 요즘 오히려 대학은 그 속도를 따라가지 못하고 있을지도 모른다는 것을, 나는 아이에게 말해주었다. 만약 대학을 원한다면 꼭 지금 당장이 아니어도 된다. 보편적인 가치, 평균적인 삶이란 개념이 점점 흐려져가고 있는 요즘, 대학 그까짓 것 손 놓아도 된다고, 그게 정답이 아닐 수도 있다고.

꿈이란 무엇일까? 못내 돌아가고픈 삶을 유턴하게 만드는 것 아닐까?

세상에 발붙이지 못하고 홀로 표류하는 아이를 키우며 나는 꿈에 대해 많은 생각을 했었다. 그동안 아이에게 내가 꿈꾸는 세상과 세상의 아름다움을 일러주지 못해 아이가 불행했나 자책도 했다. 나 자신이 꿈을 잃고 헤맸기에 그것을 아이가 배웠나 하는 생각도 들었다.

찬찬히 생각해보았다. 내가 원하는 삶은 어떤 것인지 말이다. 내 아이가 어떤 삶을 살았으면 하는지 말이다. 물질적 풍요와 안락한 삶이 보장된다고 모든 게 충족되는 게 아님을 알면서도 하나의 길만을 말해주는 건 부모로서 직무 유기이다. 여러 갈래의 길이 있음을 알려주고 폭넓은 선택지를 보여줘야 했다. 부모라면, 내가 보여주는 길만이 정답이라는 오만함을 이제는 내려놓아야 했다.

오전 10시, 언제나처럼 큰아이와 함께하는 아침이다. 대다수의 아이들이 학교에 가 있는 시간, 아이는 자기의 아침밥을 챙겨 먹고 자기만의 작업에 몰입 중이다. 점선면의 법칙이 있다. 아이도 나도 우리는 지금 부지런히 점을 찍어가고 있다. 이 점들이 언젠가 선이 되고 선들은 다시 면을 이룰 것이다. 얼마가 걸릴지는 모르겠다. 그러나 속도보다는 방향이다. 자퇴를 선택한 아이의 시간이 남들보다 더디게 흐를지도 모르지만 자신이 원하는 방향으로 발걸음을 시작한 이상 유턴을 해야 하는 일은 적지 않을까?

아이 옆에 머물며 나는 나의 삶으로 점을 찍는 모습을 보여주고 있다. 매일 새벽에 일어나 일상의 루틴을 이어가는 엄마의 모습을 아이는 몇 년을 보아왔다. 우연치 않게 그런 엄마의 모습에 대한 아이의 속마음을 알 수 있는 기회가 있었다. 나는 아이가 나에게 관심이 없는 줄 알았는데 그게 아니었다. 아이는 내가 나의 점을 찍어가는 모습을 관심 있게 바라보고 있었던 것이다. 며칠에 그칠 줄 알았던 엄마의 새벽 루틴에 아이는 존경심을 느끼고 있었다.

오늘도 우리는 각자의 공간에서 저마다의 꿈에 다가가고 있다. 나는 거실 나의 책상에서 책을 읽고 글을 쓴다. 아이는 여전히 잠겨 있는 방이지만 침대를 벗어나 책상에 앉아 작업에 몰두하고 있다.

오늘 우리가 해야 할 일은 그저 '점' 하나를 찍는 일이다.

드넓은 숲에 나무 한 그루를 심는 일이다.

지금 오늘, 내 눈앞에 나의 손이 닿은 그것을 아끼고 사랑하며, 한 발 한 발 나아가는 것이다.

물 만난 물고기

어릴 적 나는 언제나 자유롭고 싶었고 현실에 맞춰 나를 바꾸는 일은 하고 싶지 않았다. 모험이 있는 삶이더라도 나다운 옷을 입는다면 이 세상을 만족하며 살아갈 수 있을 것만 같았다. 하지만 결혼을 꿈꾸지 않았던 나는 어느새 세 아이의 엄마가 되어 있었고 모험 같은 것에서 멀어진 지는 이미 오래였다. '삶이 다 거기서 거기지.' 특별할 거 없는 내 삶을 위로라도 하듯 삶을 별거 없는 거라 치부하며 흐르는 시간 속에 나를 내맡겼다.

대다수 사람들은 정해진 공식에 따라 A에서 B로 옮겨가는 인생 루트를 살아가고 있다. B는 남들 보기에 번듯한 직업,

고소득, 평생직장 같은 것이다. 소위 말해 밥벌이에 용이한 직업을 가지는 것에 사람들은 삶의 무게 중심을 둔다. 그것이 허상일지 모른다는 의심이 드는 것도 찰나, 왠지 그 길을 벗어나면 안 될 것 같은 불안감이 몰려온다. 남들이 다 가는 길을 벗어나 홀로 걸어갈 용기가 나지 않는다. 그렇게 우리는 모두가 가는 길을 따라 떠밀리듯 가고 있다.

그렇다면 아이들은 어떠할까? 어른들은 꿈을 가지라고 말하지만 현실은 입시를 향한 고속질주 트랙에서 벗어나는 것을 용납하지 않는다. 그것 이외의 정답 같은 건 없다는 듯 울타리를 바짝 높이고 뛰어넘지 못하게 막는다.

처음 동굴에서 나온 아이는 남들이 다 갇혀 있는 입시라는 울타리 안으로 스스로를 집어넣었다. 아이는 달리기 시작했다. 그러나 지난 8년의 공백은 남들을 따라가기에는 너무나도 큰 산이었다. 노력을 하지만 아이의 만족감은 채워지지 않았고 끊임없이 남들과 자신을 비교하며 스스로를 폄하했다. 남들을 쫓아가느라 무리하는 아이의 모습은 위태로웠다.

아이에게는 공부를 떠나 뭔가 더 큰 그림이 필요했다. 또래들과 함께 대학에 입학하는 것보다 조금 천천히 가더라도 자신의 인생 전체를 두고 어느 길을 걷고 싶은지 곰곰이 생각해보기를 나는 아이에게 권했다. 무리해서라도 공부를 하고 나이에 맞게 대학에 가고자 하는 것이 진정 원하는 것인지 아이가 생각해주기를 바랐다. 대학을 선택하더라도 그것이 아이만의 정답이기 때문에 선택하는 것이었으면 했다.

타인의 시선에 묶여 마음이 원하는 길을 저버리게 된다면 어쩌면 더 멀리 돌아가게 될지도 모른다. 공부를 하려는 목적이 남들에게 보였을 때 부끄럽지 않기 위한 것이라면 다시 생각해봐야 한다. 조급한 마음에 남들을 뒤따르려고 하면 오히려 인생을 허비하는 결과를 만들어낼 수도 있다. 동굴에서 세상 밖으로 다시 돌아온 아이니 앞으로의 삶을 진정 자신이 원하는 대로 꿈꾸며 살아가야 하는 것 아닐까. 삶의 기준은 타인이 아니라 자기 자신이어야 한다.

세상이 만들어놓은 룰을 따르지 않는다는 건 용기이다. 하물며 많은 부모들은 더욱 그러하다. 입시로 과열된 대한민국 현실은 다른 길을 선택하고자 하는 용기에 두려움의 찬물을 끼얹는다. 나 역시 아이가 어릴 적 하루 세 시간 영어 리스닝을 시키고 원서를 읽히고 사고력 수학 문제집을 풀리던 엄마였다. 아이가 동굴에 들어가 있던 시간이 아니었다면 지금 나 역시도 그 뜨거운 입시 현장 한복판에 서 있었을지 모른다. 하지만 아이의 멈춰 있던 시간을 통해 나는 조금 용감해졌다.

타인의 시선에 휘청거리는 아이를 잡아줄 만큼 내 마음은 이제 타인의 시선에 묶여 있지 않다. 모두가 말하는 정답이 아닌 나만의 정답을 만들어가라고 나는 아이에게 말했다. 생각의 기준은 언제나 내가 되어야 한다고. 그 어떤 순간에도 나를 위한 길을 생각하고 내 마음의 소리에 귀 기울여야 한다고.

타인의 시선에 잡혀 있던 아이는 이제 어느 정도 그 시선에서 놓여났다. 대학은 하나의 선택지가 되었다. 자퇴를 하고 1년간 아이는 검정고시 통과를 위한 공부를 마치고 나머지 시간은 입시 공부를 떠나 자유롭게 하고 싶은 공부를 하며 지냈다. 더이상 마음의 불안은 이어지지 않았다. '그래도 된다'는 믿음, 나의 길은 내가 만들어간다는 믿음이 아이 마음 안에 조금 더 단단하게 뿌리를 내렸다.

그리고 나의 믿음 또한 단단해졌다. A에서 B의 루트를 벗어나 자신의 길을 만들어가고 있는 경험이 오히려 아이의 경쟁력이 될 것이라는 믿음. 지식 기반 산업사회에 성장한 우리 세대는 짜여진 매뉴얼대로 하는 것이 일반적이었다. 표준화된 시스템이 있었고 거기에 순응하며 살아가는 것이 삶의 정답이었다. 하지만 지금은 아니다. 표준적 삶이 아닌 도전적이고 창의적인 발상을 통해 나만의 것을 만들어가는 것이 인정받는 세상이 되고 있다. 정답은 존재하지 않는다. 어쩌면 정답을 찾으려고 하는 순간 우리 아이들은 도태될지도 모른다. 한 발 빼고 물러나 지켜봐주는 것이 오히려 아이들에게 도움이 될 수 있다.

우리 아이들은 내가 보는 세상 너머 더 큰 세상을 보고 있을지도 모르는데, 우리는 그 눈을 가리고 아이에게 맞지도 않는 길을 강요하고 있지는 않는가. 물에서 살아야 하는 물고기를 육지로 끌어다 놓고 풀을 먹이려 하고 있는 것은 아닌가. 물고기는 물에서 살아야 숨을 쉰다.

이기고 있다고 다 좋은 게임은 아니다. 이기고 있는 것과 좋은 게임을 치르고 있는 것은 다르다. 내가 승부를 봐야 하는 것은 결국 내 인생을 위한 좋은 게임이어야 한다. 모든 사람은 천재이지만 그 천재성이 발휘되는 곳은 모두 다르다. 잘 놀 수 있는 물을 만날 때 각자의 천재성이 폭발하게 되는 것이다.

이 사회가 던지는 질문에 열심히 대답만을 하느라 우리는 지쳐가고 있다. 왜 대답만 하고 살아야 하는가? 우리가 질문을 할 수도 있다. 세상을 살아가는 방식을 대답이 아닌 질문을 하는 삶으로 바꾸면 어떨까? 문은 언제나 열려 있었다. 다만 내가 열어야 할 문이 모두가 열고자 하는 문이 아닐 수도 있다.

우리 각자를 위한 길은 따로 있다. 자기에게 맞는 길을 걸을 때 우리는 비로소 휘청거리지 않고 걸을 수 있게 된다. 믿고 걷는 그 길에 내가 있는 것이다.

두려움 대신 사랑을

"큰아이는 요즘 뭐해요? 학교 잘 다니죠?"

이런 인사를 받을 때면 참 난감했다. 아이가 학교에 잘 안 간다는 말을 하기가 생각만큼 쉽지가 않았다.

처음 아이의 등교 거부가 시작되고, 주변의 시선에서 자유롭지 못한 나에게 너무나도 크게 자괴감이 들었다. 알고 지내던 지인들이 다 알면서 물어오는 안부들, 친인척 앞에서 막무가내로 구는 아이를 제어할 수 없어서 난감했던 순간들…. 창피하고 숨고만 싶었다.

누가 뭐라 한 것도 아닌데 사람들이 날 어떻게 볼까, 내 아이를 어떻게 여길까 하는 생각에 붙들려 나 자신을 괴롭혔다.

지금이야 그들의 생각은 그들의 것일 뿐 거기에 휘둘리지 않지만 그때만 하더라도 매일 남들의 시선에 전전긍긍했던 것 같다.

남들의 시선은 내 아이에 대한 걱정을 증폭시켰다. 그리고 걱정의 불똥은 바로 아이에게 튀었다. 그나마 평온을 유지하고 있던 일상을 폭풍 잔소리로 흔들어놓았다. 문제 개선은 안 되고 엄마의 화풀이장이 되어버린 그 끝은 역시나 좋을 리가 없었다.

지금도 주위에 보면 생각의 토대가 걱정스러운 부모들이 눈에 많이 들어온다. 학원을 안 가면 그게 걱정이고, 학원을 잘 가면 숙제를 잘 안 해서 걱정이다. 키가 작아서 걱정이고, 친구가 없어서 걱정이다. 어떤 부모는 아이가 어쩔 수 없는 상황이었음에도 모든 걸 아이의 책임으로 몰고 간다. '친구 없다고 속상해만 말고 네가 먼저 말을 걸어봐. 기다리기만 하면 친구가 생기니?' '네가 무슨 문제가 있는 거 아니야? 엄마가 보기에도 네 말투에 문제가 있어.' '깨끗이 하고 다녀. 나 같아도 너 싫겠다.'

아이가 커가며 부모의 역할은 변하기 마련이다. 열아홉 살 아이에게 나는 든든한 조력자이고 지지자이면 된다. 판단이

서지 않을 때 무엇이든 의견을 나눌 수 있는 존재이지 해답을 주는 존재는 더 이상 아니다. 걱정은 누구나 하는 것이고 적당한 걱정은 삶에 긴장감을 늦추지 않게 돕는다. 하지만 걱정이 너무 지나치면 마음에 무리가 온다. 걱정을 계속 굴리다 보면 부피가 점점 커져 통제 불능의 불안으로 자라나게 되고 아이에게 전달된 불안은 부모의 의도와는 다르게 크나큰 부작용을 가져오게 된다. 그것은 바로 관계의 틀어짐이다.

두려움은 변화를 재촉한다. 아이를 있는 모습 그대로 받아들이지 못하고 타인의 기준에 맞춰 고치려고 든다. 아이들은 열 마디의 충고를 하는 부모보다 자신을 지지해주고 묵묵히 지켜봐주는 부모의 모습에서 더 많은 동기부여를 받는다.

사춘기 무렵의 아이들은 참 내 마음처럼 되지 않는다. 공부도, 생활습관도 잔소리가 절로 터져 나온다. 부모의 말은 모두 잔소리로 받아들이고 듣는 척도 안 한다. 하지만 부모와 자녀 사이의 관계를 이미 잘 닦아놓았다면 부모의 말을 귀담아 듣고 언제고 제자리로 돌아온다. 평소 불안한 눈빛이 아닌 믿음으로 아이들을 지켜봐준다면 언젠가 아이도 부모의 마음을 알아차린다. 그리고 그런 부모의 마음에 응답하고자 한다. 그러니 아이로 향하던 걱정을 멈추어야 한다.

내 생각과는 다른 방향으로 가려는 아이를 지켜본다는 것은 결코 쉬운 일이 아니다. 더욱이 아이가 방황을 하고 있다면 그것을 지켜봐야 하는 부모 또한 큰 고통을 겪는다.

방황하는 아이가 제자리를 찾아 돌아올 수 있는 방법은 부모인 내가 먼저 자신의 자리를 찾는 것이다. 넘어진 아이가 일어날 수 있도록 돕는 방법은 내가 넘어지지 않는 것이다. 그러나 많은 부모들이 아이와 같이 넘어져 주저앉아 있는 경우가 많다. 어서 일어나 걸어야 하는데 앞으로 나아가지 못하고 멈추어 있는 이유는 무엇일까? 일어날 엄두를 내지 못하고 의욕 없는 자신을 보며 그걸 게으름 때문이라고 오해하기도 한다. 그러나 그것은 게으름 때문이 아니다. '두려움' 때문이다.

한 번 두려움에 빠진 마음은 모든 에너지를 빨아들이고 사람을 무기력하게 만든다. 아직 일어나지도 않은 미래에 대한 걱정으로 골몰하게 만들고 그것이 점점 확신으로 굳어져 있지도 않는 지옥을 머릿속에 만들게 된다. 그래서 자녀에게 문제가 생기면 부모 또한 우울증과 무기력에 많이 힘들어하고는 한다.

두려움에 휩싸인 부모의 마음은 아이에게 수치심으로 전달이 된다. 부모의 두려움은 남들과 내 아이를 끊임없이 비교하면서 있는 그대로의 아이 모습을 인정하지 않는 실수를 저지르게 한다. 늘 남과 비교당하고, 성과를 재촉당하는 아이의 마음은 수치심으로 가득 차고 만다. 부모로부터 전달받은 수치심은 평생을 따라다니며 아이를 괴롭히고 상처로 남게 될 수 있다. 결국 나의 두려움이 가장 사랑하는 내 아이의 영혼을 병들게 만드는 것이다.

두려움에서 벗어나야 다른 감정들이 보인다. 두려움의 장막을 걷어내는 순간 두려움, 걱정, 불안, 실패와 같은 부정적 감정에 사로잡혀 있던 내 마음 안에 사랑, 용기, 감사, 믿음, 격려와 같은 긍정적 감정들도 함께 존재하고 있었음을 알아볼 수 있게 된다. 사랑, 용기 같은 긍정적 감정으로 나를 무장할 때 비로소 내 삶의 주인이 나라는 믿음을 가질 수 있고 거기에서 나오는 강력하고도 긍정적인 에너지는 나의 아이에게도 충실히 전달이 된다.

우리가 선택해야 할 것은 두려움이 아니라 사랑이다. 내가 선택할 수 있는 오직 하나는 사랑이며 온전히 사랑하고 사랑받는 것이다.

우리에게는 언제든지 현실을 뒤집을 힘이 있다. 용기와 도전을 불러내어 사랑을 선택하기만 하면 된다. 지금 어떤 두려움이 나를 지배하려 한다면 주관이 항상 객관을 뒤집는다는 것을 떠올리도록 하자. 모든 것이 나의 생각에 달려 있다. 부정적인 생각에 지배되는 순간 나는 그 생각의 주인이 된다. 두려움이 가까이 오고 있다고 여겨질 땐 그 반대 방향으로 걸어가자.

계속 실패하겠습니다

완벽주의 성향을 가진 아이에게 완성의 기준은 너무나도 엄격했다. 조금의 미진함이 있어도 그걸 완성으로 쳐주지를 않았다. 시간이 갈수록 자신감은 점점 떨어져갔고 새로운 것에 도전하는 횟수는 점점 줄어들어갔다.

공부에 손 놓고 보내는 시간들이 계속되자 아이는 시험을 아예 보지 않기까지 했다. 못 푸는 것보다 안 푸는 것을 선택한 것이다. 시험 기간이 다가오자 아이는 문제집을 사달라고 했다. 그래도 공부할 의지가 있구나 생각하며 흐뭇했던 기억이 난다. 아이가 방을 비운 사이 들어가 보니 군데군데 풀려져 있는 문제집이 보였다. 그러나 아이는 시험 날 일어나지 않았다. 엉망인 점수를 받느니 아예 점수를 안 받는 것을 선택한 것이다. 그 마음이 무엇인지 이해가 가기도 했다. 하지만 도전 앞에 미리 실패를 선언하고 마는 아이가 안쓰럽고 걱정이 되었다.

실패와 포기의 경험은 아이에게 쓰디쓴 독약이었다. 몇 번 넘어지고 나니 아이는 다시 일어나려 하지 않았다. 바닥난 에너지는 학교에 적응하는 것도, 친구를 사귀거나 공부를 할 여력을 남겨놓지 않았다. 그런 상태에서 섣부른 시도는 또 다른 실패를 예고하는 것 그 이상도 그 이하도 아니었다.

하지만 아이에게 실패할까 두려우니 아무것도 하지 말고 있으라고 말할 수는 없었다.

"실패를 했다는 것은 대신 무엇인가를 선택했다는 것이야. 너에게는 아직 네가 선택한 것들이 보이지 않고 보이더라도 작게만 여겨질 테지만 실패와 포기를 통해 너는 그것이 얼마나 쓰라리고 사람을 나약하게 만드는지를 알게 되었잖아. 그건 네가 포기를 했기에 알게 된 것이야. 포기를 해봐야만이 알게 되는 것도 있어. 포기 또한 용기가 필요한 거야. 네게는 아직 용기가 남아 있어."

"지난날의 실패들이 분명 너에게 큰 힘이 될 거야. 큰 실패를 해봤으니 작은 실패들쯤이야 얼마든지 딛고 일어날 힘이 너에게는 분명 있어. 너를 한번 믿어봐. 시도하지 않으면 어떤 변화도 찾아오지 않아. 정말 두려워해야 할 것은 다시 상처받는 것이 아니라 그 무엇도 꿈꾸지 않게 되는 것이 아닐까?"

동굴 밖으로 나온 아이는 공부에 도전하기 시작했다. 지난 8년의 공백을 매우겠다는 생각은 그 자체가 커다란 모험처럼 느껴졌다. 사칙연산과 알파벳부터 다시 시작하는 마음은 얼마나 불안으로 가득했을까? 하지만 동굴 끝까지 들어가 벽을 짚고 나온 아이의 무모한 도전은 멈추지 않았다. 문득문득 흔들리는 멘탈은 어차피 더 떨어질 곳도 없으니 일단 하고 보자는 마음으로 변했다.

'내가 할 수 있을까? 괜히 실망만 하고 끝나는 게 아닐까?'

도움이 되지 않는 생각은 머리에서 지워버리자고 했다. 아무리 실패를 해도 동굴 속에서의 지난 시간들보다는 나을 테니까.

아이는 짧은 시간 만에 학습 공백을 메웠다. 여전히 자기의 노력에 대해 미흡하다 말하는 아이였지만 나는 알았다. 아이의 성장은 결코 조금의 노력으로 이룰 수 있는 게 아니었다. 무엇보다도 실패의 두려움을 무릅쓰고 목표점에 다다른 아이의 용기에 나는 아낌 없는 칭찬을 보내주었다.

누구나 '선택' 앞에서 저울질을 한다. 그리고 보이지 않는 결과 앞에서 우리는 갈등할 수밖에 없다. 그러나 명확히 결과가 보이지 않는 일일수록 영혼을 살찌우는 일들이 많다는 걸 우리는 안다. 그러니 일단은 하고 보는 거다. 결과에 연연해하지 말고 일단 하는 것이 중요하다. 꼭 완성을 못 해도 상관없다. 그런 일들은 시도 자체가 가치 있는 것이니까. 계속된 시도 속에 인생의 폭은 무한으로 넓어질 것이니까.

실패도 받아들이기 나름이다. 부모부터 실패가 두려워 어쩔 줄 몰라 하면 아이들은 더더욱 어떤 시도도 할 수가 없다. 계속 실패를 권장해주자. 실패를 했다는 것은 시도를 했다는 것을 의미한다. 실패가 쌓이면 그다음 시도가 쉬워진다. 실패와 멈춤은 주어가 있는 삶, 1인칭의 삶을 완성시켜주는 변화의 도구이다. 오늘에 일희일비 하지 말고 오지 않은 내일에 미리 두려워하지 말자.

실패를 경험한 순간에는 '이생망'을 떠올릴 수 있지.
하지만 정신을 가다듬고 다시 생각해보렴.
왜 나에게 실패가 찾아왔을까.

이건 나에게 무슨 질문을 하려는 것일까.

이 실패가 나에게 무엇을 요구하는 것일까.

이 실패가 나에게 무엇을 주려는 것일까.

상황이 내 뜻대로 풀리지 않는다고 불평하기보다

내가 원하는 것을 향해 두 팔을 뻗어보렴.

수많은 실패들이 널 만들 거야.

내가 살아나야 아이가 살아난다

아이가 동굴로 들어갔을 때 나는 힘으로 그 동굴을 부수려고 했다. 아이가 스스로 나오지 않는다면 억지로라도 끄집어내려고 했다. 매 순간 아이와 끊임없는 실랑이를 벌이며 사정했다. 그렇게 하면 아이가 나올 거라고 믿었다. 하지만 어떤 물리력에도 아이의 동굴은 깨지지 않았고, 벽을 더욱 견고히 쌓아갈 뿐이었다. 거대한 바위산을 조그만 정을 가지고 아무리 두들겨도 그것이 깨지기까지는 수만 번의 두드림이 필요할 것이다. 그 방법이 통하지 않는다는 걸 알면서도 정을 든 손을 나는 왜 내려놓지 못했을까?

아닌 걸 알면서도 정을 휘두르던 나의 마음은 분노이고 형체가 없는 두려움이었다. 영영 아이가 동굴에 갇혀 나오지 않을까 봐, 학교도 공부도 다 내려놓고 망가진 인생으로 살아가게 될까 봐, 내 마음대로 되지 않는 아이에 대한 무력감에 나 자신을 어쩌지 못하고 아이가 웅크리고 있는 동굴에 대고 계속 화풀이를 하고 있었다.

아이는 내가 컨트롤할 수 없는 외부 세계였다. 내가 컨트롤할 수 있는 것은 내부 세계인 내 마음뿐이라는 사실을 받아들여야 했다. 아이의 마음에 변화가 찾아오지 않는 이상 나의 힘을 통해 일으킬 수 있는 변화의 영역은 대단히 한정적이라는 사실을 인정해야 했다.

그렇다면 동굴에 갇혀 있는 아이를 위해 부모인 내가 할 수 있는 일은 아무것도 없다는 것일까? 그렇지 않다. 내 아이를 살리고 변화시킬 수 있는 가장 강력한 해결법은 내가 쥐고 있었다. 그것은 내가 먼저 살아나는 것이었다.

아이에게 끊임없이 정을 휘두르던 그때, 나는 아이와 같이 캄캄한 동굴 안에 있었다. 아이를 따라 나도 같이 깊게 절망하고 목 놓아 매일 울었다. 매일같이 아이를 잡고 매달리고 애원했다. 그러는 사이 나에게도 무기력과 우울증이 찾아왔다.

'이 모든 게 죽어야 끝나는 것일까.'

부정적인 생각이 꼬리에 꼬리를 물고 갈수록 깊어지는 절망의 연속인 시간들. 하루하루를 버티려 안간힘을 써도 도돌이표를 그리는 매일에 어쩔 줄 몰라 하던 그때, 나는 문득 간절히 살고 싶다는 욕망을 느꼈다.

그때 나는 처음으로 내 감정들을 들여다보았다. 분노와 절망에 가려져 있던 또 다른 나의 감정들이 거기에 있었다. 끝까지 나를 잡아주고 있는 연민, 사랑이 보였다. 아이가 아닌 온전히 나를 달래고 나를 껴안아주려는 마음이 자신을 바라봐주기를 기다리고 있었다.

'내가 먼저 살아나야 한다. 나를 돌보고 나를 사랑하는 게 먼저다.'

변화는 나로부터 시작되었다.

내가 살아나기 위한 첫 단계는 나를 사랑하는 것이었다. 나를 사랑한다는 건 나를 알아가는 것이었다. 내 안의 감정들을 살피고 그 감정들의 이야기를 들었다. 마음 깊이 내려가 내면아이와의 소통을 통해 짓눌려 있던 감정들을 만났다.

한 발짝 물러나 내면아이를 바라본다. 엄마의 마음으로 내면아이의 말에 귀를 기울인다. 진심으로 공감하며 이야기를 들어준다. 그 아픔을 온전히 느끼며 토닥토닥 위로를 해준다. 나와의 진실한 마주침. 그동안 상처 입어도 돌봐주지 않은 나 자신에게 사과하고 화해와 용서의 과정을 밟는다.

나를 들여다보고 내부의 목소리에 귀 기울이면서 마음이 점점 단단해져갔다. 작은 바람에도 쉽게 요동치던 마음이 평정심을 얻고 쉽게 상처 입지 않게 되었다. 부정적 감정들에 휘둘리고 나부꼈던 허약한 마음을 일으켜 세우는 것, 그것이 곧 나를 살리는 길이었다.

마음이 변하자 세상이 변했다. 어제와 다름없는 현실이어도 마음이 변하자 그때부터 전혀 다른 세상이 펼쳐졌다.

우리는 자신의 감정을 선택할 수 있다. 오는 감정을 그대로 모두 느끼고 품을 이유가 없다. 불편한 감정이 찾아올 때는 그 감정을 가만히 들여다본다. 부정하지도 말고 잡고 늘어지지도 말고 자연스럽게 지나가기를 기다린다. 그리고 웬만하면 긍정적인 감정을 선택하고 수용해준다.

좋은 감정을 가지고 유지해나가는 것이 매우 중요하다. 감정이 기분을 결정하고 기분은 태도에 영향을 주기 때문이다. 결국 모든 관계는 서로가 주고받는 태도 속에서 만들어진다. 아이와의 관계도 그러했다. 나의 태도는 아이의 마음과 태도에 그대로 영향을 주었다.

부정적 감정에 사로잡히지 않고 긍정적 감정을 유지하기 위한 노력은 의도적으로 계속 해나가야 하는 일종의 훈련이었다. 그 과정은 분명 쉽지가 않았다. 하지만 꼭 해야 하는 과정임을 잊지 않았다. 나의 감정, 마음이라는 내부 세계의 변화가 이루어져야 아이라는 외부 세계의 변화가 찾아올 것이었다. 이것이 모든 변화는 나로부터 시작된다고 말하는 이유이다.

나를 사랑할수록 불안은 잦아든다.

외부적 고통에 시달리고 있을 때 우리는 우리 내면으로 들어가야 한다. 아이에게 향했던 시선을 돌려 나를 바라봐야 한다. 우선 그것이 시작이다. 그리고 어떤 방식이든 간에 자기에게 맞는 방법을 찾아 계속해서 나를 보살펴나가야 한다.

'그러니, 오늘의 나부터 해결하자.'

새벽길 위,

마음에 고요가 자리한다.

콕콕 쑤시던 가시들이 사라지고 따갑던 마음은 깊은 수면에 들어간 듯 동요가 없다.

세상의 중심은 나를 떠나 먼 우주로 향한다. 스쳐가는 장면을 무심히 바라본다.

관찰자가 되는 순간,

생각은 너그러움을 품는다.

삶에서 중심 잡기가 필요할 때 나는 새벽길을 걷는다. 걷는 행위에는 마법이 있다. 익숙한 길에서나 낯선 길에서나 언제나 새로움을 선사한다. 같은 장소, 같은 풍경이더라도 시시각각 변하는 게 자연이다. 새벽 시간은 모든 감각이 예민할 때여서, 아무리 무딘 사람도 그 변화를 감지한다. 그날의 바람과 새소리, 공기 중에 머물렀다 흩어지는 색감들은 오감을 사로잡는다. 한껏 자연에 취해 걸음을 옮기다 보면 어느새 머리가 상쾌해지고 마음은 가벼워진다. 명상이 몸과 마음을 안정시키고 들끓던 마음이 제자리를 찾아가도록 도와주듯 걷기 또한 그러하다.

새벽길을 걸으며 나는 가장 큰 마음의 위로를 받았다. 힘들었던 마음이 옮기는 발걸음 하나하나에 꾹꾹 눌려지고 다져졌다. 걸으면 걸을수록 울퉁불퉁했던 마음이 곧게 펴졌다. 뾰족했던 마음의 가시들이 결 가지런히 누우며 조그만 자극에도 불안으로 요동치던 마음에 평화가 찾아왔다.

행이든, 불행이든, 삶이란 피었다 지기를 반복한다. 순풍도 불고, 태풍도 지나간다. 그럼에도 불구하고 시시각각 벌어지는 변수들 속에 우리의 삶은 중심을 내리고 단단히 이어져 나가야만 한다. 작은 풍랑에 흔들릴 수는 있지만 좌초되지 않도록 마음의 닻을 단단히 내리고 있어야 한다. 나를 알아가고 나를 사랑하는 작업들을 이어나가는 것은 마음의 닻을 단단히 내리는 작업이다.

사랑의 크기보다 중요한 건 언제나 사랑의 방식이다.
오늘도 나는 어떻게 나를 사랑해줄 것인지를 궁리한다.
나에게 다정하게 대하자.
건강을 챙기자.
진 빼지 않으며 마음에 무리가 가지 않는 방법으로.
그렇게 오늘도 행복하자.

나는 걱정 않는 엄마입니다

고2, 4월 아이는 자퇴를 했다. 몇 년을 궁리해오던 일이었기에 자퇴서에 사인을 하는 과정에서의 고민은 나도 아이도 그리 깊지 않았다. 자퇴를 했다고 그 즉시 플랜을 짜고 그대로 계획적인 생활이 이루어질 거라는 기대는 안 했지만, 그러나 막상 하루 종일 방에서 두문불출하는 아이를 보니 혹시라도 다시 동굴로 들어가는 건 아닐까 하는 염려가 들었던 게 사실이다.

지난날, 동면하는 곰처럼 동굴에서 지내는 아이를 보며 나는 걱정을 끌어안고 살았던 엄마였다. 자꾸만 깊은 은둔으로 들어가고 어쩌다 터지는 화를 주체하지 못하는 아이를 보며 나의 마음은 24시간 걱정에 사로잡혀 있었다. 상담치료도 계속되는 기다림에도 언제나 그 자리인 아이를 본다는 건 괴로움이었고, 그나마 냈던 용기는 번번이 꺾이곤 했다. 점점 깊은 굴로 들어가는 아이를 대할 때마다 미래에 대한 불안감이 커져 내 마음을 흔들어댔다. 가만두면 제자리를 찾아갈 것이라는 믿음이 부족했던 그때의 나는 떠오르는 불안한 생각들을 눌러 담지 못하고 있는 대로 표출하는 미숙한 엄마였다.

열두 살의 아이가 "엄마, 기다려주세요"라는 말을 한 이후 나는 걱정과 비난의 입을 닫았다. 불안의 먹구름이 물러간 마음에는 사랑만이 가득 차오르면서 태풍으로 요동치던 마음에 순풍이 불기 시작했다. 마음이 평정심을 유지하게 되자 아이를 믿고 기다리는 시간이 더는 힘들어지지 않았다. 여전히 변한 것 하나 없는 똑같은 상황인데도 전처럼 화가 나지 않았다.

변화는 서서히 일어났다. 물론 앞으로 갔다 뒤로 갔다를 반복하기는 했지만 변화는 멈추지 않고 이어졌다. 3학년 등교거부 이후 첫 변화는 6학년 때 있었다. 그 변화는 '자전거'로 시작되었다. 그때 한창 웹툰에 빠져 있었던 아이는 자신이 좋아하는 웹툰의 소재였던 자전거에 호기심을 보였다. 운동 신경도 없던 아이는 혼자 연습을 하더니 며칠 만에 자전거를 씽씽 탈 수 있게 되었다. 팔다리 여기저기가 까지고 멍이 들어서 얻어낸 결과였다.

그동안 어떤 것에도 관심이 없었고 새로운 어떤 시도도 하지 않던 아이에게 자전거는 크나큰 동기가 되어주었다. 자전거 타기로 성취감을 한번 맛본 아이는 이후로 플라모델, 그림, 일본어, 러시아어 등등 관심사를 넓혀나갔다.

끝까지 안 가더라도 아이가 시도를 했다는 것, 그 자체로 큰 의미였다. 한번 시동이 걸렸다고 쭉 가는 것은 아니다. 그 이후에도 아이는 가다 서다를 반복하며 동굴에서 아주 긴 시간을 더 머물렀지만 결국은 스스로 그곳에서 밖을 향해 걸어 나왔다. 아이에게 찾아온 변화의 힘, 그 원동력은 걱정이 아니라 믿음이었다.

'걱정'은 생각하는 행위이다. 걱정의 96퍼센트는 실제로 일어나지 않을 일들이라고 한다. 그러니까 일어나지도 않을 일을 생각이 키워내 마음을 힘들게 하는 것이 걱정이다. 걱정을 계속 굴리다 보면 사이즈가 점점 커져 통제 불능의 불안으로 자라나 마음에 병이 된다.

다양한 요소들이 걱정의 양과 질을 결정한다. 개인의 기질, 문제를 바라보는 방향, 해결의 실마리를 찾는 태도, 가치관, 자존감도 영향을 줄 수 있다. 부모의 걱정은 혼자만의 영역에 머물지 않고 울타리를 넘어 아이에게도 영향을 준다. 부모와 자식 간에 적절한 걱정의 범위는 아이가 부모에게 보호받고 있고 기댈 곳이 있다는 마음의 안정을 느끼는 바로 거기까지이다. 만약 아이가 원하지 않는다면 걱정을 거두고 묵묵히 지켜봐줘야 한다. 그것은 대단한 용기를 필요로 할 수도 있으나 서로의 경계를 인정하고 그 선을 넘지 않으려는 태도는 아이에게 부모에 대한 무한 신뢰를 얻는 길이 될 것이다.

사춘기 무렵의 아이들의 행동은 때로는 걱정스럽고 부모의 불안을 자극한다. 예전과 다른 아이의 모습은 그대로 인정해주기 어렵다. 그러나 걱정은 어디까지나 부모의 몫이다. 괜한 걱정은 부모와 아이의 관계를 망가뜨릴 뿐이다. 아이들은 자신을 지지해주고 묵묵히 지켜봐주는 부모를 존중한다. 걱정거리나 문제가 무엇인지 굳이 말하지 않아도 아이들은 다 안다.

아무리 잔소리를 해도 말을 듣지 않는다고 한탄할 게 아니다. 관계만 무너지지 않았다면 아이들은 분명 돌아온다. 믿음이 튼튼한 관계의 버팀목이 되어 서로의 마음을 받쳐주고 있기 때문이다. 자신을 믿어주는 부모의 마음을 아이들은 안다. 언제일지 시간의 차이는 있을지 몰라도 부모의 마음에 화답을 하듯 아이들은 자신의 자리를 찾아온다.

반드시 끝은 있다는 믿음

부모가 된다는 것은 사랑을 받을 줄만 알던 존재에서 사랑을 주는 존재가 된다는 것을 의미한다. 씨앗을 뿌려 열매를 거두어들이듯, 아이를 사랑하고 또 그 사랑이 또 다른 사랑을 뿌릴 수 있도록 돕는 숭고한 의무를 부여받는다. 부모의 의무는 그렇게 단 하나, 사랑을 하는 것이다.

마음을 기꺼이 아이에게 내어주고, 아이의 마음에 귀를 갖다 대고, 바라보고, 느끼면서 내 사랑이 온전히 전달되는 순간, 아이와 나는 통하게 된다. 마음의 수신장치는 서로에 대한 믿음으로 마음의 소리를 서로에게 전달한다.

다른 것들에 의해 사랑이라는 본질이 가려지는 순간, 마음에 차단벽이 생기는 것은 순식간의 일이다. 고장이 난 마음의 안테나는 그 어떤 것도 받아들이지 않으려고 한다. 가장 가까웠던 관계가 가장 어려운 관계가 된다. 내 아이라서 쉬웠던 것들이 내 아이라서 어떤 것도 할 수 없게 되어버린다.

우리는 어쩌면 방심하고 있었는지도 모른다. 내가 하는 모든 것은 아이를 사랑하는 마음에서 당연히 나온 것이라 여기고 사랑이라는 이름 아래 합리화하고 있었는지도 모른다.

현실이 바로 보이기 시작했을 때 눈앞에는 끝을 기약할 수 없는 험난한 길이 쭉 펼쳐져 있었다. 세상을 끝장내고 싶다고 생각했다. 내가 무엇을 얼마나 잘못했길래 나에게 이런 일이 생긴 것일까? 억울하고 또 억울했다. 지옥이라는 게 이런 것이구나. 전쟁 속에 사는 것이 이런 마음이겠구나. 평화로워 보이는 세상과 동떨어져 나만이 홀로 지옥에 내동댕이쳐진 느낌이었다. 하루하루를 버티며 내 의무만 다하겠다고 생각했다. 수분이 모두 말라버리고 바짝 쪼그라든 심장에는 더 이상 아이에 대한 사랑 같은 건 남아 있지 않다고 여겼다.

창문이 미친 듯이 흔들리고 나무가 뽑혀 날아가고 정신을 차리기 힘든 강풍을 온몸으로 막아내고 서 있을지도 모르겠다.

그러나 언젠가 태풍은 지나간다. 그리고 모든 걸 쓰러뜨린 것 같지만 태풍이 지나간 자리는 더러움이 가시고 정화된 바다가 기다리고 있다.

'아이는 바뀌지 않는다.'

내 아이를 어떻게든 바꿔보겠다는 마음이라면 아이는 결코 변하지 않을 것이다. 지금 내게 필요한 건 아이를 바꾸겠다는 마음이 아니라 아이를 구하겠다는 마음이다. 아이는 내가 조종할 수 없는 다른 인격체, 내 영역 밖의 세상이다. 아이의 변화를 원한다면 그것은 내부 세계인 '나'로부터 출발해야 한다.

부모가 땅이라면 아이는 그 땅 속의 영양분을 흡수하고 뿌리를 내리는 나무와 같다. 땅이 흔들리게 되면 나무도 흔들린다. 그렇기에 아이를 변화시키겠다는 마음보다 중요한 건 아이가 딛고 있는 나 자신, 부모가 기름지고 단단한 땅이 되는 것이다. 나를 다스리고 나를 가꾸어나가는 것이 결국 내 아이가 일어나는 길이다.

아이의 행동 하나하나에 말 하나하나에 걸려 넘어져 아이를 단정 짓고 미리 포기하는 어리석음은 저지르지 말자. 무엇이든 보이는 것 반대편에는 다른쪽 면이 존재한다. 아이들 또

한 그렇다. 겉으로 드러나는 것은 아이들의 무의식 속에 잠재되어 있는 무한한 가능성에 비하면 아주 작은 부분에 불과하다. 겉으로 내뱉는 말과 행동으로 아이의 모든 것을 평가하지 말고 아이 내면에 잠들어 있는 숨은 보석을 믿고 바라보려고 해야 한다.

부모라면 무턱대고 믿어주고 보는 무모한 믿음이 필요하다. 세상 누가 뭐라 해도 나만큼은 철석같이 내 아이를 믿어주는 순진무구한 마음 말이다. 머리는 비우고 온전히 가슴으로 그저 내 아이이기 때문에 감싸안는 넉넉한 품 말이다.

끝은 반드시 온다. 다만 그 끝만을 바라보며 오늘을 살지는 말자. 우리가 눈여겨봐야 할 것은 그 끝을 향해 나아가는 과정 속에 존재하는 수많은 의미와 가치들이다. 한 톨 한 톨 모은 쌀알이 큰 자루가 되듯이 우리는 오늘이라는 쌀 한 톨에 집중하며 살아가야 한다. 내 아이에게 필요한 것은 지금 이 순간에 집중하는 힘이지, 언젠가 올지 모르는 미래에 대한 막연한 기대가 아니다.

작은 것이 가장 큰 힘을 낸다. 힘겨운 시간은 그만큼 느리고도 묵직하게 흘러가지만 그 대신 내가 아는 가장 아름다운 산처럼 웅장하고 단단하다. 고통으로 단련된 산과 같은 마음은 아이의 삶을 견고하고도 아름답게 만들어줄 것이다.

그 무엇도 머물러 있는 것은 없다.

아이에게는 단 한 사람이 필요할 뿐이다. 아이를 무한 지지해줄 그 한 사람,

바로 엄마 당신이다.

멀리멀리 돈 만큼 큰 원이 된다

"안 하려고 하지만 자꾸만 후회가 돼요. 중학교 때 왜 그리 시간을 버렸는지."

공부에 매진하던 아이는 이따금씩 말했다. 이제 와서 보니 그때 했으면 좋았을 것들이 많은가 보다.

공부를 한다고 하는데 속도까지 나지 않으니 그 마음은 얼마나 조급증이 났을까? 지난날에 대한 후회가 몰려와서인지 아이는 '내가 그때 조금만 더 힘을 냈었더라면' 하는 자책을 자꾸만 했다. 세상 가장 무서운 것은 잡히지도 않고 보이지도 않는 시간일지 모른다. 멈추고자 해도 멈출 수 없고 잠시 쉬고 싶어도 그런 것에 아랑곳없이 뚜벅뚜벅 주어진 속도대로 시간은 나아갈 뿐이다.

아이에게 과거는 어떤 흔적도 남아 있지 않는 백지와도 같다. 텅 빈 공간, 밑그림도 채 그리지 않았는데 주위를 둘러보니 다른 이들은 모두 채색에 열중하고 있다. 어디부터 손을 대야 하나? 밑그림도 채색도 손을 댈 수가 없는데. 망설이는 동안에도 시간은 재깍재깍 흐르고 있다. 엄습해오는 불안감과 압박감. 아이는 어떻게 이 시간을 돌파해나가야 할까?

불안한 마음은 현실을 회피하게 만든다. 오롯이 그것을 맞이하고 그 앞에 선다는 것은 너무나 큰 두려움이라서 자꾸만 주저하게 된다. 잘 해내지 못할 것이라는 생각에 시도는 자꾸만 늦춰지게 된다.

살아가다 보면 누구나 길을 잃고 헤맬 때가 있다. 성장이 멈추는 때가 있다. 그것은 잘못된 것이 아니라 조금 안타까운 것일 뿐이다. 멈춤의 상태는 남들이 보기에 자기 자신을 포기한 듯 보이지만… 아니다. 일시 정지…. 잠시 쉬어가는 중일 뿐이다. 아이는 숨을 고르며 다시 일어설 힘을 끌어모으는 중인 것이다. 마음에게 힘을 내라고, 너는 할 수 있다고 늦었지만 다시 해보자고 자신의 내면과 수신 중인 것이다.

아이는 바닥 끝까지 추락해 내려갔었다. 깊고도 험한 낙담의 골짜기에 조난당한 채로 아주 오래도록 아이는 그곳에 머물러 있었다. 더는 내려갈 곳이 없다는 생각이 일어날 힘을 빼앗아갔다. 오랜 시간을 헤매다 보면 때로는 그 마음이 함정이 되어 자신을 가두게 된다. 하지만 끝까지 떨어져봤다는 것이 반대로 바닥을 짚고 튀어 오르는 반전을 가져다주기도 한다.

크게 잃고 나면 오히려 아무것도 아닌 마음이 된다. 더는 잃을 게 없다는 마음은 더 이상 타인을 의식하지 않고 시선을 외부에서 내부로 움직이게 돕는다. 바닥을 마주한 순간 다시 튀어 오르고 싶은 숨은 욕망을 알아차리게 된다.

모든 것이 마음의 작용이다. 내 마음이 어디로 움직이냐에 따라 어려움을 돌파할 힘이 생기기도 하고 그대로 멈춤을 선택하게 만들기도 한다.

행동은 일단 시작하면 다음 행동을 부른다. 한 발이 두 발이 되고 열 발이 되고, 그 이상이 쌓이게 되면 마음에는 점차 여유가 생겨난다. 속도가 붙기 시작하고, 벌어졌던 시간의 간극은 조금씩 좁혀져간다.

아이 또한 그랬다. 바닥을 짚어본 아이는 한참을 망설이다가 결국은 다시 올라오기를 결심했다. 오히려 타인의 시선에서 홀가분해진 마음으로 자신의 목표만을 향해 집중해가기 시작했다. 그 나이에서 해야 하는 것들, 그러나 하지 못했던 것들을 아이는 자신의 인생에 다시 하나씩 찾아 집어넣기 시작했다.

아이가 동굴을 나오기까지의 시간은 무척이나 길고 고통스러웠지만 나는 안다. 지금부터 아이가 하는 모든 것은 진짜라는 것. 누가 이끌어준 것이 아니라, 누가 가르쳐준 것이 아니라 오로지 자기 선택으로 그리고 자기의 힘으로 일군 것들이라는 것. 뭐든 진짜일 수밖에 없다는 것.

중심에서 한참을 벗어나 멀리멀리 가봤지만 그래서 돌아오는 데에도 한참이 걸렸지만 아이는 결국 지금 자신의 길을 찾아 걸어가고 있다. 아이는 아이의 시간과 속도 안에서 자신만의 룰을 만들어가고 있다.

각도기를 조금 벌리면 그만큼 원은 작아지고 중심은 흔들린다. 아이는 멀리 돈 만큼 큰 원을 그렸다. 그 큰 원만큼이나 아이는 흔들리지 않고 단단하게 중심을 잡을 것이다.

2024년 아이는 대학생이 되었다. 대학을 내려놓고 그림만 그리던 아이는 어느 순간 더 높은 곳을 생각하며 대입을 결심했다. 멀리 왔다는 두려움을 이기고 아이는 공부를 해나가기 시작했다. 그 결과 원하는 곳에 수시 합격이라는 결과를 얻게 되었다. 이제 아이는 또 다른 원을 그려나가기 시작할 것이다.

잃는 것도 찾는 것도 아이의 몫이다.
잃어봐야 찾으려 한다.
그리고 찾은 그것이 진짜 내 것이다.

불행이 있기에 행복을 안다.
슬픔이 있기에 기쁨을 느낄 줄 안다.
멀리멀리 가봤기에 돌아오려 한다.
막다른 골목에 다다라야 뒤돌아선다.
끝까지 가봐야 끝남을 안다.
끝까지 가봐야 새 마음을 품는다.

지금, 오늘을 살자

지난 8년의 시간은 내게 고마운 시간이었다. 말할 수 없는 고통의 시간이기도 했지만 그 시간을 겪으며 내 인생의 퀀텀 점프를 경험했다. 마음을 단단히 함으로써 나는 내 아이를 일으킬 힘을 가질 수 있었고 그 마음의 힘은 다시 나 스스로를 구원하는 힘이 되었다.

그것을 가능하게 한 것은 하나다. 걱정을 내려놓고 '오늘'에 집중했던 것. 늘 가슴 졸이며 회피하기에 바빴던 '오늘'을 뜨겁게 끌어안은 것.

매일 아침 눈을 뜨면 다시 눈을 감아버리고 싶은 순간들이었다. 하루종일 이어질 아이와의 실랑이, 기약 없는 기다림,

절망과 희망의 시소놀이는 결코 내 마음에 평화를 깃들게 하지 않았다. 그러나 변화의 대상을 아이가 아닌 나로 이동시키고부터 달라졌다.

어느 날 새벽 산책 중이었다. 붉게 물든 새벽 여명이 자신의 온몸을 던져 내 몸을 감싸 안아주는 듯했다. 아름다웠다. 가슴 한구석이 저릿하더니 문득 마음이 뭉클함으로 차올랐다. 이런 아름다움을 보고 감동할 수 있는 내게서 살아 있음이 느껴졌다. 죽은 것과 다름없다 여겼던 내 마음이 자연을 담고, 그 아름다움에 반응하고 있는 내 모습에 가슴이 벅차올랐다.

부르지 않아도 아침은 찾아온다.
계속되는 어둠은 없다.

집중해야 할 것은 바로 '오늘'이었다. 힘겨운 현실을 견디는 힘은 바로, 괜찮은 '오늘'을 하루하루 쌓아가는 것에서 시작되었다. 아직 일어나지도 않은 미래의 어느 날 따위는 생각하지 말고 바로 지금 이 순간을 제대로 살아내는 것이 고통 앞에 주눅 들지 않고 우뚝 서는 길이었다.

'오늘은 힘들지만 내일은 좋을 거야. 지금은 눈물 흘리고 있지만 내일이면 마르겠지.'

아니! 행복을 자꾸만 내일로 미루는 버릇을 없애야 한다. 내일을 잘 살아내기 위해서는 오늘의 나부터 챙겨야 한다.

내게 불안과 두려움을 선사하는 것들은 대부분 실체 없는 미래에 관한 것들이었다. 그 실체 없는 두려움에 빠지면 현실에 대해 만족감을 느끼기는 더더욱 힘들어진다. 나의 부족한 면이, 내 아이의 부족한 면만이 부각되어 보인다. 결코 채울 수 없는 욕망은 나를 망치고 내 사랑하는 가족을 나로부터 멀어지게 만든다.

우리는 생각과 감정을 가지고 있다. 이 둘은 분리되어 존재한다. 보통은 생각이 감정을 지배한다고 여긴다. 아니다. 그 반대다. 감정이 생각을 지배한다. 그리고 부정에 지배당한 생각이 오늘의 행복을 나로부터 빼어가는 주범이 된다. 감정은 나의 태도에도 영향을 준다. 좋지 않은 감정은 옹졸한 마음을 만들고 상황을 복잡하게 만들어버린다. 상대의 행동과 말을 왜곡하고 해석의 오류를 일으킨다. 관계는 꼬여가고 그것은 삶을 고통으로 몰아간다.

오늘을 충실히 살아가기 위해서는 좋은 감정을 유지하는

게 중요하다. 감정을 좋은 방향으로 유지해나간다면 부정적인 생각마저 긍정적인 생각으로 돌려세울 수 있다. 감정을 부정적인 상태에 방치하지 않고 돌본다면 삶의 고비고비에 놓인 걸림돌이 징검돌이 되는 마법이 일어난다. 감정을 살피는 것은 나를 돌보고 나의 삶을 아끼는 자기애의 행위인 것이다.

'오늘의 나의 감정이 현실을 만든다.'

오늘에 만족하며 충실히 살아가기 위한 가장 좋은 방법은 '감사하며 나아가기'이다. 이때 중요한 건 나에게 없음에도 만족하겠다는 것이 아니라 지금 내가 가진 것들에 감사하는 것이다. '지금 나에게는 없지만 그래도 괜찮아요'가 아니라 나에게 주어진 것들, 그러니까 언제나 바라보면 거기에 있는 하늘, 선선한 바람같이 손만 뻗으면 항상 있는 것들에 나의 시선을 고정해보는 것이다.

처음에 감사하기를 시작했을 때는 잘 되지 않았다. 마음에는 감사할 게 없다는 마음의 저항이 일었다. 억지 같고 짜증스런 마음이 일어났다.

모닝 페이지를 1년 정도 쓰고 난 후 다시 감사일기를 시도했다. 내면의 안정을 조금은 찾은 후여서인지 그전보다는 감사의 마음이 스며드는 게 느껴졌다. 그리고 작은 것들이 주는 감사가 얼마나 소중한 것인지를 깨달았을 때 진심어린 눈물이 왈칵 쏟아졌다.

감사를 통해 찾아오는 변화들은 여러 가지가 있다.

첫 번째, 기분을 좋게 유지해준다. 든든하고 충만한 느낌을 불러일으켜 항상 긍정적 사고를 할 수 있게 도와준다. 준 건 나인데 더 크게 돌려받는 느낌이랄까.

두 번째, 설레는 매일매일을 만날 수 있다. 더 나은 미래를 위해 현재를 버티고 견딘다고 생각하면 힘들고 지친다. '감사'는 지금 내가 가진 것 안에서 만족하며 살아갈 수 있게 도와준다. 이 만족감은 매일매일을 설레게 해준다. 그리고 이 설렘은 앞으로 나아가게 해주는 내적 에너지를 만들어준다.

세 번째, 최고의 선택을 할 수 있게 도와준다. '감사'를 꾸준히 하면 마음이 차분해지며 고요하고 여유가 생긴다. 삶이란 수많은 선택들의 결과이다. 지금 나의 삶은 과거에 내가 한 선택들의 결과물이다. 올바른 판단을 위해서는 평정심을 가지고 상황을 주시할 수 있어야 한다. 감사를 통해 얻은 고요한 마음은 차선 혹은 최악의 선택을 피할 수 있도록 도와준다.

내가 일으키는 감정의 파장은 나를 넘어 내 주변으로까지 영향을 준다. 괜찮은 오늘이 괜찮은 내일을 만든다. 그러니 바로 '오늘'부터 괜찮은 하루하루를 쌓아가보도록 하자.

괜찮아, 내 잘못이 아니야

지난 시간 나는 결코 괜찮지 않았다. 나는 상처 입었고 한동안 그 상처로 너무나 아팠다. 아이가 겪은 고통 못지않게 그 옆을 지키는 나 또한 감당하기 힘든 고통 속에 놓여 있었다. 아무리 덮고 외면하려 해도 어느 순간 그 고통은 삐죽 고개를 내밀고는 자신의 존재감을 여지없이 드러냈다.

그 고통의 중심부에는 죄책감이 존재했다. 내 아이가 왜 그런 시간을 보내야 했는지 생각을 이어나가다 보면 결국 종착역에는 나에 대한 자책이 기다리고 있었다. 아이가 등교를 못하는 것도, 동굴에 갇혀 은둔하는 것도 모두 내 탓인 것만 같았다. 내가 아이를 잘 돌보지 못해서, 내가 아이의 말에 귀 기울이지 않아서 아이가 그런 고통을 받은 것이라고 생각했다.

아이가 동굴에서 나오기를 기다리는 마음은 사죄를 바라는 죄수의 마음이었을지도 모른다. 커다란 죄책감을 등에 짊어지고 힘겹게 하루하루를 버티는 고통의 무게는 내가 달게 받아야 할 형벌처럼 느껴졌다. 그래서 상처 입었지만 아프다고 티 내면 안 된다고 생각하고 있었는지도 모르겠다.

견뎌야 한다고 생각하는 마음은 외로움으로 가득했다. 외로움은 마음에 큰 구멍을 만들고 무엇으로도 채울 수 없는 마음의 허기를 가져왔다. 하지만 내색하지 않고 홀로 견디는 게 답이라고 생각했고 그런 나를 바라보는 마음은 언제나 쓸쓸하고 아팠다.

원망에 가득 차 있던 내면아이는 항상 나에게 투정을 부리고는 했다. 과거로 돌아갈 수만 있으면 좋겠다고. 그때로 돌아가 싹싹 그 시간들을 지워버리고 싶다고. 마치 없었던 일처럼 만들어버리고 싶다고 말이다. 내면아이가 들려주는 솔직한 마음에 대고 '그러면 안 돼. 긍정적인 생각을 해야지'라고 타이르다 보면 마음은 저항에 휩싸이고 참고 견디는 것은 고통으로 다가올 뿐이었다.

죄책감은 현실에 대한 분노와 자기혐오로 번졌다. 그리고 끝없는 불안감을 몰고 왔다. 자기 자신을 있는 그대로 받아들이지 못하고 미워하는 마음, 결국 나를 가장 궁지로 몬 것은 그 마음이었다. 자신을 혐오하고 비난하고 조롱하며 스스로를 흠집 내는 내면의 소리에 언제나 내 마음은 지옥이었다. 오랜 시간 나는 그 감정과 싸움을 벌였다. 그런 마음을 느끼지 않기 위해 온 힘을 다해 저항하고 외면했다. 긍정적으로 생각하기, 확언하기, 심상화를 반복하며 마음에 부정적인 감정이 발을 들이지 못하도록 원천봉쇄를 했다.

생활에 활력은 조금 돌아온 듯했지만 이상하게도 마음의 저항은 여전했다. 그리고 나 자신을 향해 마음 깊은 곳에서 들려오는 혐오와 비난 또한 여전히 이어지고 있었다.

과연 내가 무엇을 놓친 것일까? 이대로는 견디기 힘들었다.

"괜찮아, 내 잘못이 아니야."

삶이 위태로울 때 숨이 꼴깍 넘어갈 것만 같은 아슬아슬한 순간에 가장 필요한 것은 무엇일까? 그건 나에게 산소마스크를 씌우는 것이다. 긴 고통 안에 머물려고 하는 나를 일으켜 세우고 그러지 않아도 된다고, 나의 잘못이 아니라고 말해주는 따뜻한 위로가 필요하다. 그리고 가볍게 내 등을 두들겨주면 된다. '토닥토닥'.

살아가며 누구나 고통을 겪는다. 고통의 크기에 차이는 없다. 아픔은 그대로 아픔인 것이다. 고통과 아픔에서 놓여나는 방법은 상처가 치유되는 것이다. 내가 느끼는 고통은 내 상처에 약을 발라야 낫는다. 오랜 시간 나는 아이의 상처만을 바라봤다. 내가 아픈 것은 아이가 동굴에서 나오면 자동 해결되는 것인 줄 알았다. 하지만 내가 느끼는 결핍은 외부로부터 채워지는 것이 아니었다. 나를 치유하고 채우는 것은 나로부터 시작되어야 했다.

아이의 상처에 약을 발라주는 엄마의 손길 같은 것이 나에게도 필요했던 것이다. 들키고 싶지 않다가도 어떨 때는 마냥 드러내놓고 엄살을 피우고 싶은 그런 내 마음을 누군가가 알아봐주는 것이 나에게도 절실했다.

누군가를 위한 삶이라는 건 없다. 삶은 내 것이고, 그 중심에는 항상 내가 존재한다. 그렇기에 나를 내려놓고는 그 무엇도 이룰 수 없다. 두려움과 불안함에 어찌할 바를 모를 때는 스스로를 다독여주는 것부터 시작하자. 나를 수용하고 바라봐주는 것부터 시작하자. 나의 상처를 외면하지 말고 울고 있는 나의 내면의 소리에 귀 기울이는 것부터 시작하자.

우린 누구도 잘못하지 않았다. 그 무엇도 내 탓이 아니다. 나는 온 힘을 다해 오늘을 살아가고 있고, 내 아이를 위한 최선의 선택을 고민한다. 그리고 누구보다도 내 아이를 사랑하고 또 사랑한다. 그러니 결코 내 탓 같은 건 하지 말자.

모든 것은 어쩌다 일어난 접촉사고 같은 것이다. 인생이라는 긴 여정 속에서 어쩌다 잘못 든 길일 뿐이다. 삶은 어차피 변수투성이이고 내가 마음먹는 대로 굴러가지 않는다.

'지금 이대로의 나로 충분하다'라는 자기 수용의 자세가 내가 지녀야 할 마음의 전부다. 자기 수용, 즉 나를 사랑하는 것만이 내 마음의 저항을 없애고 고통으로부터 나를 살려내고 행복으로 이끈다. 나를 사랑한다는 것은 나의 아픔을 수용해 주는 것이다. 그리고 지금까지 품고 있었던 거짓된 신념들을 벗겨버리는 것이다. 그렇게 진짜 나만이 남게 되면 이상하게도 더 이상 세상 앞에서 긴장하지 않게 되고 편안한 마음이 찾아온다. 어쩔 수 없이 고통과 행복이 공존하는 현실이더라도 마음의 시소를 행복으로 기울게 도와준다.

나는 괜찮은 어른이고, 괜찮은 엄마이다. 나는 내 아이에게 있어서 이 세상 최고의 엄마이다.

아이는 지금 동굴 밖에 서 있다. 그렇다고 내향적인 아이가 갑자기 외향적인 성격으로 변했다거나 외출이 잦아졌다거나 하지는 않는다. 물론 예전보다는 많아졌다.

8년이라는 시간은 아이를 다시 살려낼 수 있을 거라 믿기엔 너무나도 긴 시간이었다. 나조차도 순간순간 아이를 포기할까 싶었던 적이 한두 번이 아니었다. 완전히 무기력 상태에 놓여 있던 중2~3 시절, 내 귀에는 아이의 고통이 환청처럼 들려왔다. 방 안에 스스로를 가두고 있었지만 나는 느낄 수 있었다. 아이는 살고 싶어 했다. 아이가 언제 손을 내밀지 알 수 없었지만 손만 내민다면 언제든 잡아줄 준비가 되어 있어야 했다. 그러기 위해 나는 강해져야 했고 현명해져야만 했다.

아이와 나는 한 팀이었다. 좋은 팀워크를 위해서는 서로의 마음을 읽고 눈을 맞추어야 한다. 서로의 속도를 몸으로 익히고 호흡을 맞춰야 넘어지지 않을 수 있다. 나는 그때까지도 내려놓지 못하고 있던 덧없는 기대들을 내려놓았다. 등교라든가, 공부라든가, 졸업을 가지고 더 이상 어떤 잔소리도 하지 않았다. 입에서뿐 아니라 마음속에서 모든 욕심을 걷어냈다. 그렇다. 그건 욕심이었다. 꾸역꾸역 떠먹인다고 모든 걸 소화하지 않는다. 당장 내 아이에게 필요한 것은 오늘을 살고자 하는 의지이며, 자신을 사랑하고 아낄 줄 아는 자기애의 회복이었다. 아이의 마음이 회복되어 마음껏 자기의 삶을 욕심낼 수만 있다면 그것으로 충분했던 것이다. 그리고 아이가 욕심내는 그것이 무엇이건 그것이 정답이었다.

8여 년의 시간을 지나올 수 있었던 것은 어떤 매뉴얼이 있어서가 아니다. 직접적으로 아이를 변화시킬 수 있는 방법 따위는 어디에도 존재하지 않았다. 윽박지르고, 화내고, 서로 으르렁거리는 방법은 씻기 힘든 상처만 서로에게 남길 뿐이었다. 불안하고 두려운 감정을 꾹꾹 누른 채 가면을 쓰고 아이를 대하는 것 또한 오래가지 못하고 내 마음에 병을 만들 뿐이었다. 시행착오를 거듭하면서 어떤 깨달음이랄까, 긴 시간 속에 자연스러운 흐름이랄까, 나는 서서히 알 수 있었다. 변화의 시작은 '나'라는 것을 말이다.

사춘기의 긴 터널 속을 방황 중이거나 깊은 무기력에 빠져 동굴 속에 있는 아이들이 많다. 빛을 찾아 다시 세상 밖으로 나오는 길을 아이 혼자 찾아내기란 힘든 일이다. 부모는 아이를 향한 비난의 입을 닫고 아이의 아픔에 반응하며 기꺼이 아이를 도와야 한다.

아이를 살리기 위해서는 나로부터 시작해야 한다. 깊이 뿌리내린 나무와 같이 아이를 향한 흔들림 없는 내면을 다듬는 것이 첫발이다. 단단한 내면을 만드는 길은 부모인 나 자신을 먼저 사랑하는 것부터가 시작이다. 그러기 위해서는 내면으로 들어가 내 안의 상처를 들여다보고 그것부터 치유해야 한다. 힘을 잃고 쓰러져 있던 나의 내면에 영양제를 주사하고 지지대를 세워 흔들리지 않고 튼튼히 뿌리내릴 수 있도록 해야 하는 것이다.

지난 시간은 긴긴 나와의 사투였다. 내 마음 안으로 더 깊숙이 들어가 파헤치고 뜯어고치는 작업이었다. 아이를 바꾸려 했던 마음을 내려놓고 온전히 아이만을 바라보며 제대로 사랑하는 법을 배우는 시간이었다.

"너에 대한 책을 쓰고자 해."

어느 날 아이에게 말했다. 아이는 별 고민도 없이 답을 해주었다.

"엄마라면 인정할게요."

아이의 인정한다는 대답에 살짝 으쓱하는 기분이 들었다. '그래도 내가 잘못된 길을 가진 않았구나'라는 안도감이랄까?

지난 시간을 편하게 말할 수 있게 된 오늘, 이 시간이 그저 아이에게 감사하고 고마울 따름이다.

아이와 농담 삼아 이야기를 한다.

"넌 동굴 속에 하도 오래 있다 보니 돌아 나오는 길도 까먹고 굴을 파고 파다 반대편으로 나온 아이 같아."

그만큼 긴 시간이었다.

그만큼 쉽지 않은 여정이었다.

자신을 포기하지 않고 나의 손짓을 뿌리치지 않고 세상 밖으로 나와준 아이에게 언제나 감사하고 고맙다. 그리고 나는 누구보다도 그 시간을 이겨내고 지금 여기에 다다른 나 자신을 칭찬해주고 싶다.

잘 견디었노라고. 잘 기다렸노라고.

시작은 아이를 위한 것이었을지 모르지만 결국은 내가 성장하는 여정이었다. 긴 고통이었고 험난한 과정이었지만 그

길 끝에 서서 한숨 돌리고 바라본 세상은 예전보다 더 아름답게 빛나고 있었다. 세상은 예전과 다름없지만 세상을 바라보는 내 눈과 내 마음이 달라져 있었다.

내 아이를 살리기 위한 그 길은 궁극적으로는 나를 살리는 길이었다. 옆을 돌아보지 않고 앞만을 보며 달려가던 나의 삶에 제동을 걸고 차에서 내려 천천히 걸어볼 수 있는 기회가 되었다. 그러면서 나는 많은 생각을 했고, 나를 돌아보게 되었다. 의미를 두지 않던 것들에서 소중함을 발견하게 되었고 그럼으로써 내 삶은 풍요로워졌다.

모든 것은 양면을 지니고 있다. 계속되는 불행도, 계속되는 행복도 없다. 모든 것은 둘이 하나가 되어 서로의 존재를 부각시키고 그 의미를 가지게 된다. 밝음은 짙은 어둠 속에서 더 환하고, 행복은 불행을 거치고 나서야 그 의미가 더하듯이 말이다. 아이의 시간은 고통만으로 남지 않고 삶의 숭고한 법칙들을 발견하는 시간이었다.

한때 거대한 운명의 수레바퀴에 끼어 애쓰지 않아도 되는 시간을 허비했다고 생각했다. 하지만 오늘, 나는 눈물보다는 미소로 그 시간들을 보려 한다. 멈추었던 것들은 그 나름의 이유를 지니고, 언젠가는 멈춤을 끝내고 다시 굴러갈 것이다.

굴을 파고 반대편으로 나온 것은 아이만이 아니다. 나 또한 새로운 세상을 눈앞에 두고 있다. 앞으로 펼쳐질 아이의 도전과 실패들을 응원하며, 언제나 같았지만 전혀 새롭게 다가온 소중한 나의 삶을 위해 도전하고 실패해나갈 것이다.

엄마가 기다려줄게

초판 발행 2024년 3월 29일

지은이 박성은
펴낸이 김정순
편집 허영수
마케팅 이보민 양혜림 손아영

펴낸곳 (주)북하우스 퍼블리셔스
출판등록 1997년 9월 23일 (제406-2003-055호)
주소 04043 서울특별시 마포구 양화로 12길 16-9(서교동 북앤빌딩)
전자우편 editor@bookhouse.co.kr
홈페이지 www.bookhouse.co.kr
전화 02-3144-3123
팩스 02-3144-3121

ISBN 979-11-6405-244-8 03590